能成事的人，都能扛事儿

小川叔 著

天地出版社 | TIANDI PRESS

图书在版编目（CIP）数据

能成事的人，都能扛事儿 / 小川叔著. —成都：天地出版社，2021.9
ISBN 978-7-5455-6453-2

Ⅰ.①能… Ⅱ.①小… Ⅲ.①成功心理—青年读物 Ⅳ.①B848.4-49

中国版本图书馆CIP数据核字（2021）第141057号

NENG CHENGSHI DE REN，DOU NENG KANGSHIR

能成事的人，都能扛事儿

出 品 人	杨　政
作　　者	小川叔
责任编辑	王　絮　霍春霞
封面设计	金牍文化·车球
内文排版	麦莫瑞文化
责任印制	王学锋
出版发行	天地出版社 （成都市槐树街2号　邮政编码：610014） （北京市方庄芳群园3区3号　邮政编码：100078）
网　　址	http://www.tiandiph.com
电子邮箱	tianditg@163.com
经　　销	新华文轩出版传媒股份有限公司
印　　刷	天津融正印刷有限公司
版　　次	2021年9月第1版
印　　次	2021年9月第1次印刷
开　　本	880mm×1230mm　1/32
印　　张	10
字　　数	198千字
定　　价	49.00元
书　　号	ISBN 978-7-5455-6453-2

版权所有◆违者必究

咨询电话：（028）87734639（总编室）
购书热线：（010）67693207（营销中心）

如有印装错误，请与本社联系调换。

所有的故事都会有一个结局。

在结局到来之前,

你是否耐得住性子,

守得住初心,

等得到转角的光明?

又一天过去了,梦想是不是更远了?
如果你是一块石头,到哪里都不会发光。
如果你看完以上字句内心有所触动,
在可承受范围内,请谨慎打开此书。
文章富含大量反式职场酸以及不饱和心灵鸡汤,
请视个人情况选择性阅读。

再版序
Preface

再一个5年之约

  这本书能够再版,出乎我的意料,因为通常一本书的"寿命"只有5年。这是我的第一本书,书里有很多能量,也有很多困惑,甚至现在看来,还有很多锋利的东西。

  感谢葛主编,如果没有他,或许就不会有这本书的面世。我也要感谢买到这本书的你,我们通过它相逢。我很高兴可以借助这种方式认识你,也让你认识了我。

  6年多,我出了4本书,第三本书与第四本书的出版时间间隔了近4年。一方面,我有了新的经历,才有动力去分享;另一方面,我想停下来等一等,让写作慢一些。

可能有人不理解，为啥小川叔这样的水平也能写书？看完这本书，如果你觉得你也可以写，就算是我的一点儿功劳。

我知道自己并没有很高的写作水平，我唯一有的，大概就是坦诚。我愿意把人生里的某一个阶段拿出来与人分享。这或许是每个人只要想就能尝试去做的事，因为每个人都有故事。

我曾经想过：那些看我故事的人，他们在里面看到了什么？是经验，是失败，是反思，还是期待？

我并不是一个足够努力的人，天资也非常有限，其实就是平凡的大多数。我只是顺应了这个时代的发展和需要，在一个恰当的时间被大家看到了而已。

有时候我又觉得自己是不一样的个体，有着不一样的经历。我虽然和大家经历过一样的压力、沮丧，但始终都能选择站起来去面对。这好像挺了不起的。

出书这件事曾照亮过我的人生，它让我第一次看到了自己的价值，看到自己被别人肯定。它带给我名利和机会，也带给我压力和思考。

坦白地说，我的人生轨迹因为出书而变得不一样，但这终究不能代替我对未来的思考和抉择。

我是一个很懒的人，曾经想过随大溜地活着，也很丧气地想过，钱能赚一点儿是一点儿，他日不能赚钱了，该干吗干吗。

我30岁之前一事无成，却觉得无比快乐，因为尝试了很多自己想尝试的东西；30岁后接受现实，努力赚钱，在职场打拼。我努力了9年，坐到了自己从来没有想过的位置，拿到了自己想也不敢想的年薪。这时，我终于敢长出一口气，内心却还是一片荒芜。

我没了下一个目标。

40岁时，我选择辞职，用一年的时间来思考，为面对不确定的未来做准备。

以前，我特别害怕选错，总觉得如果选错了，人生就全完了。这种害怕从高考开始，直到现在我才明白，选择并没有对错。

你迟早会走到人生的某一个点，这个点会把你过去所做的事情串联起来。当年你做选择的时候不曾想到这些。

人生如此艰难，前行备受煎熬。

我这人又蠢又笨，行动缓慢，天生胆小，瞻前顾后，时而膨胀，大部分时候都自卑。像我这样的人都能在人生的路上蹒跚向前，相信你也能。

我很弱，但我依旧选择扛起来，撑下去。

很多艰难的日子，我也不知道自己是怎么过来的。那些支撑我走到最后的，是勇气，是不服输，还是别的什么？

我虽然也有跌倒、落败的时刻，但会尝试反思，挣扎着站起来。在我看来,你只要能爬起来,向前迈一小步,就没有被打倒。

这本书记录的就是我向前走的几小步,再版时,我增补了很多内容。它是我一段人生的集合,也是我人生的一个驿站。

我不知道它会在什么时刻、以什么样的方式出现在你面前。若你读到其中某些字句时被照亮和点燃,就是我最大的荣幸。

我的目标是出10本书,不知道这本再版的算不算数。

作为一个自认为低产型的作者,我希望自己至少每两年写完一本书。

若5年后你还在读书,并且在书店里看到我的名字,希望你能会心一笑,说句:"哦!川叔,你还在呀!"

我是小川叔,我还在,我很好。

希望你也是。

目录
Contents

01 CHAPTER 有些竞争，早已开始

职场竞争，从大学时期就已经开始 / 003

有些事不必等到毕业后才做 / 011

如何发现自己的长处，并去经营它 / 019

每个人都有自己的问题，我代替不了你 / 032

简历都写不好，如何找工作 / 038

我不是教你诈：说说面试里的那些提问 / 045

既然无法定义世界，那就学会接纳 / 060

02 CHAPTER | 要想活下来，就得能扛事儿

职场新人快速定位手册 / *067*

做上司不擅长的事 / *079*

北漂12年，我凭什么熬到了现在 / *087*

稳定的情绪，就是你的职场竞争力 / *095*

凡事主动点儿，保命 / *107*

宁可做了失败，也别不做后悔 / *114*

新人就必须加班吗 / *123*

跳槽是斜上角45度的提升 / *130*

理想撞进现实，三观碎了一地 / *145*

30岁那年，我的梦想是年薪10万元 / *153*

03 CHAPTER 厉害的人，都能成事

那些你恨得牙根痒痒，却不得不面对的上级 / 165

能被您抢功是我的荣幸 / 175

不是谁都可以做到像你这样好 / 182

从月薪5000元到年薪30万元：如何开口提加薪 / 189

汇报工作，考验的是格局和抗压性 / 200

别等到辞职，还不知道你做过什么，有什么价值 / 207

你会开除谁？《西游记》里的团队哲学 / 219

职场里最容易被忽略的四种微量元素 / 226

职场瓶颈期的突围三招 / 238

04 CHAPTER 扛得住，世界就是你的

想离开小城市又不敢出走，怎么办 / 250

临死前也要活出点人样 / 256

在保证"温饱"的基础上，去努力靠近理想 / 260

你缺的只是勇气 / 265

请一条路走到黑 / 271

什么都没想过，你就敢辞职吗 / 274

人生如初，姑娘你在怕什么 / 279

别老拿假设说事儿，那是个伪命题 / 287

工作4年，忽然很想辞职 / 291

离开北京去外地工作，真的值得吗 / 295

后记：嘿！那个50岁的你，现在过得还好吗 / 303

01
CHAPTER

有些竞争,早已开始

职场竞争，从大学时期就已经开始

每年公司招新人时，负责培训的同事都苦不堪言，说现在的年轻人不是眼高手低，过于高估自己，就是眼低手更低，心安理得地把自己当成一张白纸，啥也不会，而且上手还慢。

之前职场里流传过很多关于刚毕业的大学生的故事。比如，不会用复印机把身份证的正反面复印到一张纸上；不能接受自己的工作太琐碎，一直在打杂，甚至因此觉得受到了侮辱。

我在写这本书时，收到了很多即将毕业的面临职场选择困惑的小伙伴发来的邮件。那时候我就意识到，很多年轻人缺少的可能不是一本书、过来人的经验，或者职场操作技巧，而是一套完整的职前培训体系。可惜的是，目前我还没有在哪个平台看到过这样的体系。因此，建立完整的职前培训体系成了我人生后面几十年努力的目标。

既然市场上还没有成体系的职场培训，初入职场的年轻人就可以把自己当作一个采购员，去不同的领域"采购"和自我定制。

我读过大学，所以很理解年轻朋友的心态：有时候是真的不了解职场；有时候是在拖延，一直在等；有时候则是在逃避，不想毕业，不想踏入社会。

未知会带来恐惧，我曾经也一样，但逃避解决不了任何问题。

大学生活很美好，也很容易形成群体效应。别人都在谈恋爱、泡图书馆、打游戏，你却汗流浃背地去实习，不得章法地见识社会，这的确是很摧残人意志的一件事。

有些技能，你很可能在学习的时候缺乏熟悉的机会，根本记不住。如果不知道为什么去学，可能很少有人愿意花心思去认真学。

所以，在大学4年中，你们要学会一件事：尝试认识自己，明确自己目前的需求，并保持这份好奇心。

没有人为你创造机会，让你明确自己的需求，你如果不主动努力，就只能在毕业后被迫做出选择。在校招面试时，首先，有社会实践经验的人比一脸青涩、不知工作为何物的人有极大的竞争优势。可惜的是，这个层面的同学占比非常小。其次，一些爱表达、参与过社团活动的小伙伴，见过世面，有过一些经历，在待人接物和自我表达上更有优势。等这些人都被选走了，最后才轮到大学四年没出过校门，说话结结巴巴，做事战战兢兢的平凡的大多数。

所以，在大学时期，你如果想要先人一步，就需要更明确地认识自己。比如，你是否喜欢现在的专业？你将来是否愿意从事这个专业？除了这个专业，你还希望学习哪些技能？

你如果很困惑，是否通过在行（应用程序）找小川叔这样的前辈进行过职业咨询？你是否尝试走出去，创造和社会人员打交道的机会？你是否愿意在群体中表现自己，而不是当一个毫无存在感的小透明？

很多同学毕业后都吃过一模一样的亏，觉得自己不善于沟通，于是决定去做销售，美其名曰"挑战自己，补充短板"。几乎有一大半的同学在毕业后的大半年里叫苦不迭，被生活的潮水呛到半死，闷声哭泣，最后狼狈上岸。

工作不是游戏，公司信任你，给了你机会，甚至花时间对你进行培训，而你只是拿它做一个"想知道自己行不行"的试金石。自己行不行，你心里没数吗？

你如果心里真的没数，大学时期就应该试验一下啊！一个觉得自己不会卖货的人想去挑战做销售，那你完全可以从在校园里摆摊、寝室内部团购开始。如果你连这都开不了口，做不下去，那你凭什么认为自己面对陌生人就能游刃有余呢？

把工作当成补充短板的机会，自己却连一点儿功课和测试都不做，你以为自己只是不善于沟通？其实大错特错。你只要提前测试一下，就会发现：你不只是不善于沟通，还没有自信，没有勇气，不善于破冰。你以为自己不擅长某一方面的工作，你和别人是60分与90分的差距，事实上，别人是90分，而你可能是负30分。所以，你想要达到及格线的水平，不是向前迈一小步的问题，而是填满一个巨大的鸿沟的问题！

你如果早发现这些，或许就可以做出一个基本判断：你根本就不适合做销售。那就不要浪费自己的时间，也不要浪费企业的机会。

在错误的方向上努力，除了错得越来越远，不会有任何好结果!

你可能会说:"你说的就是真的吗?为啥我看到很多人抱着挑战的态度去尝试,后来却成功了呢?"

有两种人会成功:一种是压力大于恐惧的人,比如家里出现了经济危机,做销售是最快的赚钱方式,他有了压力,被逼成功;还有一种人,自我认知清晰,明白自己欠缺什么,他选择去做自己不擅长的事,但他知道做成这件事对他来说意味着什么。

你自己看看,你是哪种人。

抱着试试看的态度去做事的人,往往会低估一件事,那就是他们对痛苦的承受能力以及自己的复原力。

至少有一半的人会抱怨在职业培训里没学到东西,抱怨找客户太难,被拒绝太痛苦。抱着难上加难的心态,大部分人最多撑一年就放弃了。

每个人都有自己擅长的地方,也有不擅长的地方。

你如果在做选择时没有倾向性,没有压力,缺乏动力,承受能力又不强,就只能期待遇到一个平和的成长环境,甚至祈祷遇到一个好领导。但这些并不是你能决定的。

我曾经带过一个姑娘。她大二就去行业知名的大公司实习了，大三跟着我实习，大学还未毕业，她就已经存了10万元。对于普通家庭的孩子来说，这个存款数算不少了。

有了这两段实习经验，刚毕业她就去了互联网公司做策划，年薪15万。即便是现在，我相信很多年轻人还是拿不到这个年薪。

毕业第三年，她就在北京买了房子。

所以，当你还在宿舍睡觉、玩游戏的时候，你的不少同龄人已经远超你了。超越的原因，除了少数家庭因素，还有人家的超前意识、规划意识和危机意识。

我们时常抱怨：在大学里到底学到了什么？

其实，进入大学后有一种能力我们需要学习，那就是如何与人交往。无论是你觉得市侩的同学，还是学生会里带有官僚习气的那些人；无论是你的辅导员，还是那些你看不上的老师……这些人也许日后就是你的同事、领导、助理或下属。

一味地拒绝，除了封闭自己，获得所谓的"清高的安宁"，你得不到任何锻炼。

上学的时候，你喜欢在人群中隐藏自己，不喜欢争抢，讨厌上台发言，不喜欢被注视。毕业后，你又希望成为被领导看重，并且委以重任的新人，你渴望出人头地、工资加倍。你不觉得这很矛盾吗？

从来没有上台发言的人，当众说话一定会紧张。从来不喜欢争抢的人，又怎么知道如何展现自己的长处呢？从来没想过做那个令人瞩目的人，却希望天上掉馅儿饼，让加薪的名额落到自己头上……

除非你的专业很过硬，机会很好，一进公司就被派到一个关键岗位上；除非你的领导有大胸怀，不把你的功劳归到自己名下；除非你真的是块"纯金"……不然，你凭什么出头？

你4年都拒绝"参军"，一毕业就希望得到赏识，升格为"将军"，一旦无人关注就长吁短叹，觉得前途无望。

你不过才当了一天的无名小卒，或许有的人已经做了4年。起点不同，你却希望获得同等的待遇，这可能吗？

之后，你埋怨这些困难都是因为你的专业不对口，你的学校没人家的好，你的家庭太普通，没有个好爸爸……于是，你想：要不就去考研吧，或者换一个公司吧！

其实,你从一开始就错过了,只是你还不知道。

你可以选择将4年大学生活作为自己的一个长假,活在象牙塔里享受这个悠长假期。但是请相信,毕业后你一定会比别人交更多的学费,去学习如何与人交往,如何适应社会。

有些事不必等到毕业后才做

每年都有大批新人拥进职场，除了少部分目标明确、表现优异的佼佼者，大部分同学的脸上都写着懵懂与茫然。

也许身份的转变最先影响的是情绪。不论是看不清的当下，还是不可知的未来，都足够让他们在还没有走出校门就已经患上"毕业焦虑症"，孤独、害怕、迷茫，且无人可以倾诉。

川叔当年大三的时候就有一种还没年轻就老了的感觉。所以在每一年校招会上看到那些毕业生脸上带着疲惫和无奈，假装镇定，面沉似水，我都特别理解，因为当年我也是这样过来的。

对职场新人来说，没有所谓的捷径可以走。但有些事情，你应该提前准备，不必等到毕业后才着手。

定位：有时候你的迷茫是因为没想好

每个人的人生都有很多不确定的因素，这是生活最有趣的地方，也是让人最恐惧的地方。

所以，有些事早考虑要比晚考虑好得多。越早准备，主动权就越多；越晚琢磨，越容易被动接受结果。

你虽然无法预见毕业后的第一份工作是什么，但至少要想清楚两个问题：你是打算找与自己专业相关的工作，还是毕业后就转行？你喜欢稳定，还是想接受挑战？

虽然这两个问题看起来很简单，但你真要面临选择，可能连下决心都很困难。

很多同学快毕业时才想到转行，吵着说自己会的不喜欢，自己喜欢的却不会，这会儿你哭天喊地，怪谁呢？

能力培养这件事，你是从毕业开始，还是从大一开始？

有一天，一个即将大四的妹子前来咨询，上来就问我："川叔，你说我要怎么选？"

我细问才知道，这个妹子是学法学的，大一的时候她就不喜欢这个专业，想要转行。她参加了一个职场培训班，做了一轮关于快消品的市场调查培训，专业没学太扎实，兴趣也不大，这件事就不了了之了。

后来她又想做行政工作，觉得上班清闲有时间。可跟已经工作的学姐一聊，她才知道行政工作上升空间有限。她顿时受到打击，再次放弃了。

大二她去考了会计师证书。我问她："为什么参加这个考试？"妹子回答："大家都考啊！我总得有点儿技术傍身吧！不然觉得心里特空。"好吧！

转眼就大三了，和同专业的学姐聊天，她觉得还是得参加司法考试，于是转了一圈又回到司法这个专业上。妹子蒙了：自己到底干啥合适呢？

川叔直接问她："你想过做财务吗？"

妹子回答："没有。"

我再问："那你还愿意做行政吗？"

妹子回答："不愿意。"

川叔说："那你就只剩下快消品行业和法学可以选了，你更倾向哪个呢？"

妹子回答:"法学。"

你以为你有ABCD四个选项,但其实BCD只是你能看到的选项,而不是你能做到的选项。优柔寡断,犹犹豫豫,你为此耽误了太多的时间。转眼等到临近毕业,你才意识到时间的紧迫,那时候做决定估计内心更煎熬吧。

为了不让自己内心更煎熬,你还需要勇敢试错。

试错:不知道自己行不行,就提早试试

试错是破除迷茫最好的办法,没有什么比行动更直观有效了。也许你会说:"我还没想好啊!"可等你想好了,黄花菜都凉了!

对于那些你没经历过的事,你别指望自己可以想得面面俱到。对于新人来说,与其空想,不如先去试试。

尝试需要勇气,正常人都会害怕。你后退,假装成鸵鸟,你的害怕不会变少。你不能用时间来稀释这些害怕。最后等害怕堆积到爆发的时候,你不崩溃谁崩溃?

不论是本专业还是跨专业，试错除了需要勇气，还需要观察以及善用资源。自己所学的专业要不要放弃，除了要看自己喜不喜欢，还要多问问学长、学姐的看法，了解一下就业前景。放弃自己所学的专业不是本事，能在放弃所学专业之后找到喜爱的行业，才是本事。

你如果不能抱着破釜沉舟的心态出发，就会拉不下脸，过不了心里这一关。你如果想做自己感兴趣的事，就要从社团出发，挖掘一切可用的人脉资源。这并不是势利的社会法则，而是动用资源得到更多印证想法的机会的必要做法。不然，跨行业后你怎么能站稳脚跟并且出头呢？

去年我去高校做演讲，很多社团的对接人都加了我的微信。今年很多将要毕业实习的同学就开始和我联系，看看我能否帮忙推荐一下，增加就业机会。

你能说这是有心机吗？我认为这是聪明。

也许很多同学会觉得这种玩弄关系的人太可怕。当你傻乎乎地去请教学长、学姐时，当你觉得忐忑不安，想问问前辈的意见时，你半点情感投资都没做过，只是单纯地以为"自己是雏鸟，就应该被善待"，这样的你才是真的傻。

那些和学长、学姐关系好的同学，与参加学校活动的嘉宾保持联系的同学，是怎么做到的呢？他们平时是如何把握社交分寸的呢？

关系维护本身就是一门特别难，甚至有人一辈子都毕不了业的学科。

你自己可以不及格，甚至放弃参加考试，但请不要把那些成绩优秀的人说得好像不劳而获一样！

不论是莽打莽撞，还是前辈加持，不论是过来人一路指引，还是靠自己刻苦努力，你在试错这件事上都免不了会受到打击和伤害。

人的抗打击能力都是一点点磨炼出来的，生活不会因为你害怕疼，就不打你耳光。生活从来都不会怜惜你一身细皮嫩肉。你只有让自己能够忍受疼痛，使皮肤的承受力变强一点儿，再强一点儿，才能熬过来。"我要变强"这四个字，从来都不是说说而已。

期限：凡事都有期限，理想也一样

不论是逐梦还是吃苦，都有期限，没人能在漫无目标的大海上保持旺盛的斗志。这一点不论是对新人还是老人都适用。给自己定下一个期限，就是给自己提个醒。

你如果想为自己的理想任性一下，就要承担后果，更要创造成绩。创造成绩需要时间，是两年，还是三年？或者更久？

所有新人转行都势必会面临被挑选的命运，你从小白和临时工干起，吃苦受累必定难免。你必须给自己规定一个期限，比如，你要打杂几年？不这么倒逼自己，你很快就会忘记自己为什么在这里。人对痛苦的适应性会超出你的想象。

我之前遇到过一个北漂，他是个不算成功的业务员，一直不开单，常年住在房租便宜的地下室里。那是一个单间，房租一个月500元，离管理员的住处很近，晚上很吵，因为不断有退房的和新租客找管理员。房间里没有电视，大部分时候，他只能在手机上看视频。他最大的梦想是可以开一个大一点儿的单，拿到一笔奖金。

我问他："奖金大概有多少？"

他答:"1000多元。"

我问:"你拿到奖金后最想做什么?"

他答:"我要买一台可以连手机的投影仪,这样就可以在地下室里看大屏幕了!"

我问:"既然有钱了,你为什么不住得好一点儿呢?"

他答:"我觉得住得还可以呀!"

后来我就没再说什么了。他的西装外套上散发着地下室潮湿的味道。

苦难有时候可以成就一个人,但更多时候人们会逐渐适应苦难,得过且过。

给自己定一个时间,不论是换工作、换行业,甚至是换城市,都要时刻提醒自己:我要准备什么?我还有多少时间?

最主要的是,你要清醒地意识到,你现在吃的苦是为了什么。

如何发现自己的长处,并去经营它

豆友"小耳朵"问我:"不知道自己的长处该怎么办?"我想,那就抽时间说说我是如何发现自己的长处的吧。这个过程我用了7年。

大学时期,我并不喜欢出风头,更多的时候我喜欢钻进自己的小世界,画画、听广播、写字。这三个爱好看似大相径庭,但其实都有一个共同点,就是不需要直接和人打交道。

我在学校组织了一个社团,是关于画漫画的。那时候我有一些投稿经验,所以召集新人加入社团,办活动、画海报,我都是亲力亲为,忙得不亦乐乎。不过,举办社团活动总要有主题才行,我就硬着头皮上台做老师,假模假样地给大家分享一些我过去的经验。

我记得第一次组织活动,那天来了三四十人。我站在自习室的讲台上,貌似平静地讲话,其实我的小腿一直在不由自主地颤抖。我虽然不是第一次站在讲台上发言,但是第一次意识到,其实我很害怕面对别人,更害怕被围观,被注视……

我大学学的专业是服装设计,但我的梦想是成为一名漫画家,因为我喜欢的漫画家北条司、成田美名子都是服装设计专业出身。我悲惨的漫画投稿历史从初中开始,一直到高中毕业我都没能发表过一个故事。我将根本原因归结为自己没有时间创作,完全忽视了自己画工、创意等诸多方面的平庸。

我的投稿历史在大一创下了一个开门红,杂志社发表了我创作的一个4页小故事。他们让我连续3个月跑书店去查杂志,我因此才知道杂志需要提前3个月做好。当我买到刊登了我的作品的那期杂志后,我兴奋得半个月都睡不着。之后,我参加了一个小杂志社举办的比赛,意外获奖,更是让我信心大增。但随后我又进入了屡投不进,所有投稿都如泥牛入海的状态。

后来因为漫画社团活动的壮大，院报的主编找到了我，让我开一个漫画专栏，我算是小小实现了一把梦想。我还在当地的报纸上冒充小朋友去投稿，获得了一点点发表作品后的虚荣。

我的文字功底还好，高中时期我一直都是班上作文课优秀范文的代表，偶尔还会投稿发表个短文。唯一的问题是，我只能写与自己相关的故事，不太会编。大学时期，我一心扑在漫画上，没心思琢磨这些。

我从小就有广播情结，大学时头脑发热还去学校广播站做广播员。后来我还阴差阳错地去本地的电台做了几期嘉宾，一毛钱都没有，还要自掏车费，不过我依旧玩得不亦乐乎。大三那年，我回老家参加了一个电台主持人选拔赛，蝉联过四周的冠军。

所有这些让我开心、快乐、丰富自我的爱好，都在毕业之后土崩瓦解。

其实我并不爱自己所学的专业。我不知道现在有多少人和我当初一样，读的专业其实自己并不怎么喜欢，也可能是因为我觉得自己有很多爱好，所以没有好好钻研本专业。

毕业后的第一年，为了对得起自己4年所学，我找了一份服装设计工作。在经历了枯燥的设计、重复的流程和抄袭严重的打击后，我决定彻底放弃自己所学的专业。

那个时候，我把转行这件事看得太简单了。我总以为自己有这么多爱好，总能找到一个能够发挥自己长处的工作。可谁知，这一寻找就是7年。

7年里，我从原来的设计师变成了杂志编辑、图书策划、广告人、公关公司执行。其间，为了生计，我还兼职做过电视栏目编导、小说连载作者、配音演员、话剧演员、电视剧编剧、插图师。

那时候，为了努力赚钱、缴房租、还外债，为了让自己过得更好一些，我在不断做各种兼职的过程中拓宽着自己的爱好。我就像一枚小陀螺一样，不停地旋转，不停地奔跑，不敢在一个地方停留太久，很害怕被行业、被工作抛弃。我不断对自己说："技多不压身，只要有人肯给你机会，你就要去挑战自己。你不去做，怎么知道自己行不行呢？"

我的自信坍塌于毕业4年后的一次大学同学聚会。那是毕业以来我唯一参加过的聚会，至今想起来都深恶痛绝。

那次聚会的缘由是我最好的朋友结婚。她好心地专门把同一届的朋友放到了一桌。那一晚我如坐针毡。昔日的同学见面不可避免地会问起：现在干得怎么样？一个月多少工资？买房了吗？

当时那一桌人里有毕业后转行做室内设计的，工资过万；有结婚后在北京买房的，即便是家里借钱付的首付也算是有个可以安身的家；有职业发展不错步步升迁的；有明确打算未来自己开公司的。和他们比起来，我似乎还是大学时代那个看什么都感兴趣，带着一双好奇的眼睛看世界的毛头小子，拿着每月3000元出头的工资，做着傻小子闯世界的美梦。

不论是收入还是未来规划，抑或是人生目标，他们都给我做了最好的表率。那一晚我觉得自己又羞愧又自卑。我第一次意识到，这几年我虽然一直在忙碌，却不知道自己为什么而忙，没有职业规划，只是有一份饿不死的工作而已。虽然我有大量的兼职机会，但不论是合作时间还是收入都极其不稳定。

我一直以为，我活得不像他们那样落入俗套，最后却发现其实最可笑的竟是我自己……

人人都说你有才情，合作过的人都说你态度不错、合作愉快，但你怎么知道那不是因为你是新人，工资便宜呢？

我以为自己放开了可以吸收更多的知识，却发现自己的耐心有限，每一次都是浅尝辄止，看似名头繁多，却在任何领域都只是一个新手。

我第一次因于自己的爱好而找不到前进的方向。接下来的两年，我逐渐缩小了自己的兼职范围，放弃了做编导、编剧，集中在人物专访上；娱乐圈试水了一把之后，又跨入了广告公司，之后辗转进入现在的企业。

31岁，我还没有找到人生目标，不知道未来走哪条路。全身上下那么多长处，从杂乱无章到只剩下可以写点儿东西，有过几个行业的经验。之后我开始思索：自己最突出的长处究竟是什么？

一个人可以爱好广泛，却不可能齐头并进。我不是天才，也不是神童，做不到又会写字又会画画，又能演戏又能拍电视剧。我就是一个特别笨的俗人。老天给了我很好的机会，让我接触了那么多领域和行业，其实就是在安抚我这颗躁动的心，让我明白，那些并不适合我。

我希望做一个有专注力、有专长的人。但我以前浪费了太多时间，导致我已经没有机会做一个专才。那么我就在自己看似全面的爱好里面努力寻找一个适合自己的长项，并且集中力量打造它！

第一个下手的是文字。我觉得它是我目前可以把握以及提高的东西。我把书架上的小说、散文统统丢掉，开始买杂志、人物传记，关注心灵成长类的书刊。我打破了原有的阅读范畴，开始涉猎许多以前我看不上眼的东西，每个月读15本杂志、4本书，看到不错的题目、稿件、策划就标注出来。之前我没有记笔记的习惯，现在我开始学着去归纳一本书里最大的看点，一本好的杂志里最成功的地方。

我开始有计划、有目的地提升自己的采访水平，从三流小报写到二线杂志，最后进入一线杂志。每次做人物专访，我需要看10个小时的视频采访资料、7万字左右的文字资料，全面了解和解析这个人物之后，再列出主线与关键词，绕开之前提及最多的问题，有重心和侧重点地圈出本次采访的几个重点。

很多事情其实并不难，最怕的是你不用心。当你用心深入去做一件事的时候，你会悟出很多门道。比如采访时应该如何切入，如何采用迂回战术，如何让对方放松警惕，如何平层对话，如何武装自己，建立防御。这些都是我在一次次的采访实践中获取的经验。

此外，我还做了一个自我梳理，列出目前最应该解决的问题。

坦白说，进入这个行业的前3年，我面临的问题都不是所谓的"职业定位"，也不是玄乎其玄的"职场规划"。你的规划有用吗？你希望3年做到总经理，你的能力、水平、机会都是可预料的吗？如果3年前你和我提"定位"和"规划"这两个词，我会把这话甩在你脸上。那时候，我面临最多的问题是如何适应变化，如何生存下去。

3年里,我换了三任领导,不同的领导有不同的做事风格。每一任领导的离职或调任都意味着我要立刻转换频道。我曾经差点儿被当作炮灰开除,也曾疲于奔命。"活下来"是我当时面临的最大考验,快速的适应能力是这3年的变化给予我的最好教导。当我梳理完自己面临的困难和局面后,我意识到,"强调执行力"是我当时唯一的选择。

我要做一个有冲劲、有热情、办事靠谱的人!这个信条是我在第一次遭遇领导层变动时就定下的,因为人人都需要这样的员工。

良好的心态,负责任的态度,办事效率高,做到这些需要强大的内心和情绪控制能力。为此,我参加了一系列关于自我提升的培训。

或许很多人都会觉得那是类似打鸡血、喊口号的无用功,但是经过培训,我有了非常深刻的体会,因为那个时间段的我非常需要这些。

后来遇到新的任务,我总爱说:"这事儿太好玩了,我早就想接触看看!"

遇到新的变化,我总爱说:"这是好事儿,有变化才会催生动力!"

遇到困难我喜欢对自己说:"没事!别急,总会有解决的办法!"

心态的转变带来的是精神面貌的转变。我使用了一个小技巧来提醒自己保持良好的工作状态。这个小技巧就是打领带。

公司虽然要求员工上班时间穿正装,但是并不要求打领带。我每次都会打上领带。在面对镜子打领带的过程中,我会不断提醒自己微笑,注意沟通细节;提醒自己专业,克制情绪化的弱点。

领带、皮鞋、腕表成了自我约束的三个象征。这三个物件的存在不在于装饰,而在于提醒自己:注意效率,注意态度,注意专业。

3年来,我始终都以这种状态面对工作,不断提升自己的能力,发挥自己的长处。

我一直觉得,每个人身上都有一个标签,这个标签其实就是你留在别人心目中的印象,由你的一言一行、外表、气质、穿着以及全身上下的每一个细节综合得来的显著印象。踏实、靠谱、执行力强，这是我给自己树立的标签；敢于挑战、敢于应战，这是我正在努力达成的标签。

为了做到这些，我不断去学习、充电，补足短板。

每次接到新的任务，我都逼迫自己说："好的，我试试看！"之后我便带着积极的心态去面对困难，相信自己一定能找到解决方法。

记得我在上一家公司工作刚满一年时，遇到的第一个挑战就是主持年会。害怕面对舞台、面对人群的我，忐忑不安。最终，我因为上台前突发性过敏而错过了主持年会。我感觉自己松了一口气。之前我做话剧表演，只是为了满足自己的好奇心，那时候当个跑龙套的就已经觉得无比紧张了，忽然成了舞台上的主角，这种转变是无法调试的。

为了克服上台的紧张感，我托朋友找了一份婚庆司仪的兼职。通过十几次的婚礼主持，我克服了上台的紧张感。在第二年的年会上，虽然我做主持说不上得心应手，但至少那份害怕已经减少了一半。

很多认识我多年的老朋友都很诧异我这几年的改变。有时候我也在想,自己是不是真的变得太多了。我放弃了画画,放弃了很多爱好,开始变得理性、有逻辑、懂克制,这和早年那个天真烂漫、随心所欲的自己大相径庭。但这不就是我想要的改变吗?

世间没有舍,哪有得?你不放弃一些,又怎能得到一些?或许自然成长是最缓慢、最舒服的方式,可当你领悟后,你必须不断逼迫自己去改变、接纳和成长。

我用了7年的时间去寻找和放逐,用了4年的时间来提取、修正和改变。或许直到现在我也不敢说自己有什么过人之处,但至少我找到了自己的定位和努力的方向。

这就是我人生中关于寻找标签的过程。或许我在这上面花费了太多时间,但我并不后悔。在这7年寻找的过程中,我虽然并不快乐、自由,但是最终找到了属于自己的标签。如果没有当年的种种尝试,就不会有现在的我。

无论什么都是经历,你也会有属于自己的经历。我是一个喜欢总结的人，经常通过总结来反思和提升自己。或许你也有自己独有的总结和反思的方式。总之，你要用独有的方式来提醒自己：向前，向上，永不止步！

每个人都有自己的问题,我代替不了你

每年一到春节,总是少不了亲戚大聚会。平日里不常走动的亲戚朋友扎堆似的出现,有晚辈拜年送礼的,有长辈贺喜压岁的。七大姑八大姨凑在一起,自然少不了问起每年都会问到的套路话题。

没毕业的会被问道:学习咋样?考了多少分呀?

马上要毕业的会被问道:工作找得怎么样了?打算去哪儿呀?

没结婚的会被问道:今年多大了?咋还不找对象呀?

结了婚的会被问道:结婚几年了?咋还不要孩子呀?

过年这几天每个人都会"躺着中枪",被各种"流弹"打成筛子。

亲戚家的表弟读高中二年级,马上就要面临高三考学之

战。两位长辈见到我第一句就问:"现在啥专业比较好呀?就是那种毕业后好找工作,收入稳定的专业。"

我苦笑着说:"我又不是算命的,现在这个时代5年就会大变样,我怎么能预测得到呀?而且以后大学会越来越普及,你看舅舅家的表弟和姑姑家的表弟,同样都是大学毕业一年,一个月薪8000元,一个月薪3000元,差别多大!

"什么学校啊,专业啊,这种东西也许在某种程度上决定了他们走向社会的第一步,但不可能决定他们一辈子。而且现在很多事情都说不准,不信三五年之后你再对比看看,也许会是另外一个样。"

我这边还没说完,那边另一个亲戚带着刚毕业的女儿赶来了,第一句就问:"我们孩子年后去北京,你看能不能帮忙安排个工作啥的?"

我先是一愣,接着问:"这孩子想找啥工作呀?"

这位亲戚十分爽快地说:"先找个前台啥的干干,等稳定下来再慢慢发展呗。"

我听完就笑得不行。且不说这前台接待不是小姑娘说做就能做的,人生第一份工作,你好歹也要有个准备,有大概的方向吧。

我问孩子："你学的是什么专业呀？专业课的成绩如何？"

孩子十分干脆地说："我学的是日语，但是水平一般，没打算去做日语翻译，所以干脆直接放弃本专业了。我现在想先去北京闯闯，找个前台啥的，等安定下来再说，反正还可以慢慢升职嘛。"

那爽快的劲儿真的和她父亲如出一辙。

面对如此乐观的父女俩，我只好适当泼点儿冷水。

我说："你大学学了4年日语，毕竟有一定的专业基础。你放弃专业，去干别的工作，就意味着一切要从头开始，你的工资待遇、职位很可能会比那些从事与专业对口的工作的同学吃亏很多，这一点你要做好充分的思想准备。

"放弃专业去学一门新的手艺，到时候你很可能会面临更残酷的考验和选拔。据我所知，很多工作的确不看重你的学历和专业，只要通过一定的培训就可以上岗，比如客服、前台接待。但正是因为没太多限制和要求，你的竞争对手会非常多，淘汰比率也很大。而且因为这些职位对专业技能要求不高，所以相应的工资待遇也不会很高。你过五关斩六将，好不容易争取到工作，结果发现工资和辛苦完全不成正比。在北京消费水平这么高的地方，如果你的工资不高，生活都成问题。

"而且做啥工作都会有一定的压力。比如销售，每个月都会有绩效指标；电话客服人员说错话或者态度不好就会被投诉和扣钱；前台接待不但要求长相好、气质佳，还要求情商非常高，可以在短时间内迅速记住公司中层以上领导的名字，说话办事非常讲究分寸感。这些你都想好了吗？

"至于你说的将来再升职，如果是正规的大公司，一般都会有规范的职位等级和上升机制，前台接待变身成总经理助理的可能性不大。你要特别会办事儿，得到很多人喜欢，才能晋升，从前台接待转移到行政部门办公室；如果你足够细心，还懂点儿业务，可能会被调到别的部门去做资料员。至于再向上升职，大概就需要你考一系列的等级资格证书了。"

这对父女明显被我这番话吓到了，互相看了一眼说不出话来。我连忙安慰说："其实毕业季都会有校园招聘会，你可以留意一下，准备好简历。你如果不打算从事本专业的工作，可以选一个你感兴趣的方向去发展，先去锻炼一下；如果能和同学有个照应,那是最好的,不然只身一人跑到北京,你所承担的压力会非常大。很多人大学毕业前都会这样,不知道自己能做啥,也不知道自己的能力和优势是啥。这没关系,去试嘛!反正你还年轻,对不对?"

我这边话还没说完,那边的邻居已经在谈论孩子们赚了大钱的事情了。这位父亲好像看到了救星一般,立刻拉着女儿去和对方套近乎,看样子又要把刚刚的话重复一遍,让邻居帮忙介绍工作。

唉,有时候我真是搞不明白,是现在的社会浮躁,还是人心浮躁。

即将大学毕业,孩子们着急,家长更着急,生怕孩子吃苦受累受委屈,希望找一个工资高、任务少、稳定又清闲的工作。这种天方夜谭似的工作如果有的话,不是"坑爹"就是陷阱。

每个人都有自己的人生路要走,有些阵痛和转变必须自己去经历,谁都不能代替他们去感受这些。试问没有经历,哪儿来的改变?

我当年毕业时也曾迷茫过，7年换了6份工作，跨了3个领域，一直到30岁，人生都还是迷茫的。现在想想，如果没有当年的那些尝试，我怎么能安下心来做如今的这些事呢？

老天安排给每个人的掌声和坎坷或许是均等的，只是有的人在开始时掌声多一些，有的人在开始时坎坷多一些。人生的顺流、逆流、毕业、告别，其实都不可怕，可怕的是我们因为害怕承受而总是想绕着走，即使走弯路、走捷径，也想赶快跨越这段过程而直接享受结果。

简历都写不好，如何找工作

前阶段，部门的一个文员离职了，所以我准备招一个新人。这个职位要求不高，但是也不能随便将就：至少需要一年左右的行业经验，有一定的策划能力，懂得新媒体技术。

刚好公司人力资源部门的人都在忙，我就自己在求职网站上发了几个帖子，看看能不能遇到合适的人选。

要求已经写得很清楚：有行业经验，有策划能力，懂新媒体。这其实已经圈定了范围，但是很多刚毕业的大学生或许本着"瞎猫可以碰到死耗子"的原则，隔三岔五就往我的邮箱里塞简历。

简历看得多了，我就看出一些小问题。因为我不是专门做招聘的，所以如果我有说错的地方，希望大家能帮我纠正。

第一，你的相片不会为你加分

很多妹子喜欢在简历结尾附上自己的艺术照。坦白说，别的公司如何看待这事儿我不知道，从我个人的角度来看，附上艺术照，尤其是"非主流"风格以及使用修图软件美化后的"梦幻"照片，不能为你加分，换来一个工作机会。

第二，需要注意你的简历格式

如果你已经工作了一两年，简历请倒序。倒序的意思是，简历除了个人信息，工作经验部分应该先从最近的工作写起，直到你大学毕业后的第一份工作。这样方便别人一目了然地看到你从现在到以前的工作路径和发展脉络。

在写工作业绩时，你需要注意一个小技巧，那就是所谓的"工作业绩"。你并不需要写很多字去介绍你的上一家单位是什么样的企业。如果面试官对此感兴趣，他可以自己去调查。你需要花心思的是，用简练的语言描述你在上一家单位的工作职责以及取得的成果。也许这些成果里多少会有一些夸大的成分。川叔真心地建议你：你最好根据面试的工作去适当调整你的成果，这样你会更容易收到面试通知。

比如你在上一家公司做的工作可能偏向于市场方面，你现在应聘的岗位更偏向于文字编辑方面，那你就需要突出你在文案方面取得的一些成绩，之后再附带写上你的执行能力以及其他方面的能力。因为这涉及一个岗位匹配度的问题，这也是招聘者筛选简历的原则。我需要一个能写文案的，你在简历里描述你画画多厉害，得了什么大奖，你觉得有意义吗？

通过简历，你要让我知道，你不但文章写得好，画画也不错。我会觉得，你还不错哦，还有点儿样样精通的感觉。

第三，简历如何写得概括又简明

简单来说就是少说废话，突出成果。你如果是市场专员，来应聘文字编辑这个岗位，就请尽量省略诸如你人缘有多好，帮老板买咖啡这种事，先把重点放在写文案这方面。比如，入职半年内先后参与策划、执行5场大型的对外活动，撰写活动报道15篇、软文及相关访谈30余篇，受到集团领导的高度认可，文章被各大官方网站转载并推送首页。

我举的这个例子并不完美，但我相信你一定可以写出更好、更贴合自身条件的简历。

此外，有一点川叔要特别提示：简历的自我评价很重要，打动我的或许就是你的自我评价。

有人认为有些负责招聘的工作人员根本懒得看自我评价那一栏文字，但我觉得或许这是因为大家都习惯性地用制式化的简历去应付招聘人员。如果你的工作经历已经无法改变，你就要充分利用"自我评价"这一栏，为自己创造一个博取同情心的机会，这样未尝不可。

比如，我招聘的人需要有新媒体营销经验，有行业经验，但是你没有，你是一个图书编辑，而且是少儿图书编辑。你的简历或许是制式的，里面写了你做了多少本少儿图书，那么你的自我评价其实就是一个"你为什么来应聘这样一个和你的工作经验不相符的职位"的理由。

你可以写：虽然我过去的行业经验和您所招聘的职位看似有些不搭，但是我相信，文字工作的要求和标准是相通的，两年的图书出版经验锻炼了我撰写文案的能力，提高了我市场定位的准确度。此外，我一直都在经营微信和微博账号，我创办的微信公众号目前已经获得了3000人关注，每周3次推送。因此，我积累了很多新媒体经验。

如果你这样写，我就一定会给你一个见面聊一聊的机会。

看到这里你可能会反驳："你不知道现在大学生找工作有多难！我们都是拿一份简历发给上百家企业，哪儿有空去写自我介绍呀！"

川叔也想说，或许正是因为这样，你得到的机会才很少。

一个连简历都懒得改的人，是拿不出来多少诚意的。我始终觉得好的文案不应该只是邮件内文开头的那句"真诚地希望给我一个面试的机会"。

不是我不给你，而是你没给过你自己。

虽然简历所起的作用很有限，但是你如果连一份简历都不愿意花心思去写，那么之后又怎么可能为面试花心思去查公司背景，准备资料呢？

我记得前段时间有人来面试文字编辑，连基本的作品资料都不带，这让我非常失望。

在我看来，面试本身就是一个非常难得的机会。它给予你一定的肯定，你的简历从一堆简历里脱颖而出，你获得了比他人多一次的表现机会。难道你不应该对这个机会表示一下自己的诚意，对自己负责吗？

所谓的负责具体指什么？你当天的穿着、举止、言谈、自我介绍、对公司的了解以及你所带来的可以证明自己实力的有力"武器"。

我现在去面试依旧会很紧张。我会在心里反复进行场景演练：我要如何做开场自我介绍？面对HR（人力资源）我要谈什么话题？面对面试官，我要如何切入专业？如果他问我"你希望了解公司的哪些方面"，我要从哪些方面来回答？

我要注意我的表现、语速、眼神、聆听的状态、反应的表情、回馈的思路以及当天的衣着、打扮、举止，我什么时候拿出携带的资料最恰当，如何把面试官的注意力从资料引到自己的身上，等等。

每一次面试我都会好好总结一番：自己发挥得如何？有哪些地方欠缺？哪些地方可以发挥得更好？……

或许有人会觉得："你这样多累啊！"我们总说"机会是留给有准备的人的"，这样去准备有错吗？

简历也好，面试也罢，其实和谈恋爱没什么两样。你可以笨，但是不能懒。你可以不会，但是不能一直学不会。

没人要你去骗人或者扮演谁，你需要做到的是，如何在短短的几行文字里把自己展示给别人，如何在20分钟的问答里展现你的特长。或许这几行字、这20分钟代表不了你的全部，但这就是机会和要求。那些和你一样来面试的人其实和你差不多。你只要把握住了这几行字、这20分钟，或许就会比别人先得到这个机会。这就是成人世界里的公平。

现在看看你的简历，它是你"画"在纸上的展现自己的一张面孔，你觉得自己就长这样吗？

回想一下当你拿到面试机会后的种种表现。当然，你可以说那不是你的全部，但是对我来说，那就是我看到的你的全部。

简历写不好没关系，那人生呢？你的人生只和你有关，只有你自己能负责，对吧？

我不是教你诈：说说面试里的那些提问

如果说简历是一张你"画"在纸上的名片，那面试就是公司对你的第一感官印象。

你得到了面试通知，基本上可以确定有两种可能：第一，你的简历特点突出；第二，你以往的工作经验符合应聘的岗位标准。

前者有一定的情感因素，这通常是因为你简历的印象分不错，你在面试的时候，要保持住原有的印象分，同时加入你相关的专业知识。如果是后者，你在面试的时候，必须放大你的专业性。

判断你属于哪一种，关键在于人力资源给你打的第一通电话。你要在基本的询问中简单了解这个企业的情况以及关于这个岗位的更多要求。如果岗位要求和你的专业对口，那你就属于后者；如果岗位要求和你的专业无关，只是和你的某些经验或业余爱好有联系,那就一定是简历起了作用。

不论是哪一种,面试都是一件态度决定行动的事儿。

之前我曾经和离职后一直找不到工作的下属说过,面试就是一场秀,不用过分在意它,但也不能轻视。你得到这个展示的机会,就已经说明你比别人具备一定的优势。接下来就是看你如何把这些优势展现出来。你的言谈举止、思维逻辑、开场白、外表、穿着、细节,都是你的得力道具。

人生如戏,全靠演技!这不是让你去装,而是让你充分利用每一个机会,最大限度地展现自己的优势。

之前有人问我:"面试穿什么比较好?"我回答:"穿你觉得最符合这个场合、让自己最自信的衣服。"

很多人在面试时都会穿正装。你平时就要多穿正装,不然关键场合才穿,总有一种像穿着偷来的衣服的感觉,会很不自在。这或多或少会影响你的发挥。

刚好川叔前段时间在面试别人,最近准备跳槽也被别人面试,那就说说我会问的和我被提问的那些面试里的问题。这不是教你诈,只是让你看完多个心眼儿,自己留点儿神罢了。

面试的第一战要解决的是自信。泰然自若、自信满满是最好的状态。然后你要准备两套不太一样的开场白，因为你即将面对的第一个问题就是"简单地做个自我介绍"。

"来！简单地做个自我介绍。"

这个问题是川叔目前面试时被提问最多的，也是川叔面试别人时最容易先问的。

为什么会设置这个问题？因为一般来说，人力资源面试完都会让招聘岗位的直属领导面试，你的领导需要看简历的时间。你的直属领导在看简历的时候提出这个问题，可以考验你的逻辑思维能力、语言表达能力以及自我概括能力。

这个问题可以算是一个下马威。所以提前准备是必要的。

为什么是两套开场白？因为通常人力资源关心的是你与岗位的匹配度，而你的直属领导更看重你的团队协作、抗压能力等，所以开场白最好能有所不同。

一般来说，面对人力资源时你要突出你的工作范畴、工作业绩；面对直属领导时你要突出与应聘岗位相匹配的工作能力，包括带队能力、协作能力等。

说得通俗一点就是，面对人力资源时你要忽悠着点儿，因为他们没有太多专业方面的判断。如果他们觉得你这个人听着还挺牛的，干的事情还挺多的，比较靠谱，那就足够了。和你的直属领导说话时你要谨慎，不然很容易变成行家面前耍大刀，使自己露怯。你可以把你的2分说成5分，但你不能把你的2分吹成10分。

每个人都会多多少少地夸耀自己的成果，但是川叔提醒你一定要谨慎。因为很多圈子都非常小，碰到熟人的机会也会很多。

我前阶段招聘就遇到了一个爱吹牛的人，刚好他所在的上一家企业有我一个不错的朋友，于是他做自我介绍的时候我就问："你认识×××吗？"他当时有点儿慌，说只听说过，但是工作交集不多。

回头我在QQ上向朋友一打听才知道，原来那小子在那家企业只工作了3个月，但他就敢在简历里写工作了一年。所以，你看所谓的背景调查其实就这么简单。

自我介绍是一门学问，坦白说，没人比你更了解你自己。

你的优点、长处，需要你自己好好地总结和梳理。突出自己的优势，集中放大自己的强项，把自己的工作经验理出一个清晰的脉络，这样既便于面试你的人掌握你的专长，又便于你在第一阶段的面试树立自信。大概内容无外乎你在上一家企业的职位是什么，负责哪些工作，取得的成果有哪些。你需要说得慢一点儿，语速适中，便于对方听清楚。过分紧张会让你在被对方打断时思维断片儿。

消除紧张的唯一方法就是多练习、多面试。自己尝试在洗手间对着镜子说一遍，等你把词记熟了再考虑眼神和表情。

千万不要小看任何一个面试你的人，因为你并不知道他会出什么招，而你只能全神贯注，见招拆招。

"你对我们企业了解多少？"

通常你的直属领导很容易提这个问题。我习惯在对方自我介绍完后，根据对方自我介绍的逻辑、内容，判断这个人的基本状况，然后我再对企业做一下简单的介绍。这有点儿像你介绍了自己，我介绍公司一样。

有人会问："啊！你这样就可以判断一个人了吗？"

坦白说,有时候这样是判断不出来的,但是可以比较。

人最害怕的就是比较。部门领导和人力资源每天都可能面试不同的人。我或许不知道你是否真的合适,但是可以比较得出来,你和上午我面试的那个人谁更优秀。

面试其实是一场缩小版的生死角逐。从面试结果来看,有时是优中选优,有时最看好的面试者因为薪资问题谈不拢,也会退而求其次。所以,你即使做不到那个最好的,也要做到保守选择里最优先的那一个。

让面试者说一下对企业的了解,这话题多少有点儿显摆的成分。除了有面试方的自我优越感,还有考查面试者对这次面试做了多少功课,对来这个企业就职是否积极的意图。

一般来说,我接到猎头的职位推荐,都会和对方要企业资料,还会查阅企业官网,这样就会对企业有一个大概的了解,还会在内心做一个专业的判断,用来回答直属领导提出的专业问题。但我在回答这类问题时,一般都会采用避重就轻的原则,把话语权交给对方。

因为我觉得,我都介绍完自己了,礼尚往来也该轮到你

"自我介绍"了，所以我的常规答案都是："我来面试前查过一些资料，也去你们的官网看过，但我还是希望您能为我做一个简要的描述。"

每一个企业的高管或者人力资源，在介绍本企业时都会带有一定的自豪感。所以，对方在介绍时，你要适当地给予一些积极的反馈与回应，穿插一些"嗯！""哦？原来这么棒！""真的吗？"类似的附和，这会让他介绍得更细致。但是切记不要不懂装懂，胡乱插嘴，万一插错话，效果就会大打折扣。

川叔个人的做法未必适合你，仅仅作为一个参考。

"如果让你来担任这个职务，你会怎么干呢？"或者"说说你对某某行业或者某某职位的理解。"

这种虚拟型的提问多数是关于本专业的，考查的是你对行业或职业的看法以及初步的理解。如何回答这类问题，基本决定了你面试的成败。

川叔的经验是，回答之前需要先明确你的提问对象最想听哪一块内容，问题指向性是什么。避免回答过于具体的问题，但也不要流于表面，因为泛泛而谈很容易没有亮点。你可以通过反问逐渐掌握这个问题的答案。

比如你可以回问："关于某行业或者某职位这个话题有点儿大，您问的问题具体偏向于哪个方面呢？""因为每个企业的岗位职责要求不同，我毕竟还没有来你们企业，所以我想知道您说的如何开展工作具体是指哪个层面？"

这个问题的答案取决于你的真本事有多少以及你之前查找企业资料时的思想准备。参加面试的目的是希望获得入职机会，"你的想法是什么"，这是你必须面临的问题，所以早思考早有想法。面试官提出这个问题并不是要你真的按照你说的去做，只是想看看你的真本事到底有多少。你要在反问对方，明确话题范围的同时，头脑飞快运转，尽快组织好语言，形成答案。

此外，有一点一定要注意，很多领导比较强势，当你说到一半时，如果对方打断你，你首先要判断对方的意图是什么。如果是你说得实在太离谱，他不想让你说下去，那你需要赶紧结尾。之后你要做好这次面试或许会失败的心理准备，好好总结和反思一下。如果对方只是纠正你的某些观点，那么不妨把话语权让给他。这个时候你不要尝试和他争论对错，因为他讲得越多，对你就越有利。

我上次去面试的时候，面试我的副总裁一直在插话纠正我的观点。一开始我还试图和他争辩，被他否定了两次后就索性让他讲。当时我还在想，自己该不会直接出局了吧？后来转念一想，他如果觉得我不行，就不会和我多说废话。所以面试的时候，控制情绪很有必要。

还有一次面试，我应聘的部门是新成立的，部门领导拉了一位总裁秘书一起面试，对方也提了一个类似的问题："来这里你要如何开展工作？"我说了一个方案，她立刻就否定了。我换了另外一个方案，她又否定了。我当时的判断是，这人是来找碴的。我索性把问题抛给她，说自己对企业内部的状况还不了解，如果她是我，她会如何解决。她就得意扬扬地把她的答案说了出来。

我立刻反馈说，看来不深入了解企业不行啊，入职后要多向她请教才能抓住问题的核心。其实她想展示的就是她的答案而已。所以，判断面试官提问的意图很重要，因为对方提出问题的核心和立意，决定了你回答的侧重点。

"说说你为什么想离开现在的公司。"

这个问题通常在面试快要结束时会被问起。

人力资源总监问这个问题，是为了考查你的职业发展规划、自我的衡量与定位。如果你的答案是希望换个平台，那么你希望在新的平台有什么新的期待呢？你想过自己3～5年要达成什么目标吗？你对自己目前水准的认知是什么样的？在回答这个问题的过程中，你要把以上信息逐一传递给对方。

你的直属领导问这个问题，是为了了解你的短板、抗压性、团队协调能力、情绪控制能力以及你自身可提高的能力范围……因此，解释离开上一家公司的理由，需要有所侧重。最忌讳的就是像祥林嫂一样大吐苦水，或者痛诉在上一家公司受的各种委屈，数落前东家的不是。这不但不会给你加分，而且还会在你的面试评定里增加抗压能力差、自我调节能力待考查等字样。

有位朋友问我:"我离职的原因很复杂,该如何说明白呢?"

我说:"那你把你要说的写下来,我看看。"于是她啰里啰唆地写了很多,包括和前领导吵架、待遇不公平等。

我看完之后对她说:"简练点儿,尝试用条目梳理,比如包括哪几个方面。字数少一点儿。"

于是她发过来三条:待遇、分工以及奖励。每一条后面还使用了一个括号,括号里面是一些表达个人情绪的词语。我回复:"下次回答的时候就说这三点,但要去掉括号里的内容。"

你有多辛苦、多委屈,没人关心。HR不是电台知心大姐,你的直属领导也不是你妈,和他们痛诉社会不公,明显是找错了对象。相对客观、冷静地说明离职原因,是对自己过去一段经历的总结,也是对过去的一个概括。没人希望带着对上一家公司的怨愤去新的公司。

你在上一家公司没能解决的问题,会直接带到下一家公司。你的领导能力、情绪化、协作能力、沟通能力,哪些是你的短板,你自己要清楚。你要及早调整自己,不要让别人对你先入为主地产生不好的印象。

当你向面试官痛哭流涕地说前同事排挤你、不理你的时候，他或许会在你的评定里写下"团队协作能力存在一定问题"。当你向面试官痛诉上一任领导贪小便宜、抢占你的功劳时，他或许会在你的面试评定里写下"抗压能力太差，不适合这一工作岗位"。

没人乐意了解你的辛苦，也没人乐意去做这样的背景调查，了解你的那些同事为什么要联合起来排挤你，为什么你一直都游离在小团体之外，你的前任领导人品差到什么程度以及他沾沾自喜的功劳是你熬了多少个晚上才换来的。

你没办法委屈自己融入一个不喜欢的小团体，尤其是当你觉得他们俗不可耐的时候。你没办法接受自己的顶头上司是一个拈轻怕重的人，同时还抢你的功劳。这些"没办法"积累起来最后促成了你的离开。

中国有句古话叫"一笑泯恩仇"，你不要在离开后还带着对上一家公司的怨愤。世界这么大，或许我们转身就再也遇不到他们了。笑一笑，不是为了原谅别人，而是为了放过自己。

我们要把每一次历练都当作经验。谁不喜欢积极、有正能量、对人生有追求、宽容的人？如果你不是这样的人，那就尝试把它当作目标。你越靠近这个目标，收到的良性反馈就会越多，面试通过的概率也就越大。

"你还有什么想要问的？"

这个问题通常会放在最后，考查的是你对企业感兴趣的程度，以及你对职业发展的打算。一般来说，面对这个问题时，你最好不要问"这里一个月最多可以开多少薪资？有保险吗？……"这样问虽然不至于减分，但也不会加分。

面对HR，你可以问一下部门的编制以及汇报对象。这样你就可以判断出你所在部门的大概情况。

面对你的直属领导，你可以问一下他为什么要设立这个职位，或者他对这个职位的期待是什么。这样更方便你对比差距，看看你到岗后如何在短期内迅速缩小差距。

面对董事长，你可以问一下他对你应聘的岗位的期待。这样你就可以大概知道你未来的发展高度。

你千万不要自作聪明地去提一些过于专业的问题。有些人很喜欢用一些专业问题去为难HR。这种尴尬提问对你后期入职不利。因为HR或许是你入职时最熟悉的人，你可能有很多琐事需要请教他。

说一千道一万，面试时的提问基本都围绕着专业和人品。如果面试者人品不好，即使再专业，也很难通过面试。如果面试者人品很好，沟通能力很棒，善于总结，懂得自我成长，即使专业性差一点儿也没关系。因为领导就是培养人才的，他会用恰当的方式教你。

我刚刚看到有人在豆瓣上留言："川叔，我年纪比你小，但是赚得比你多。"

这是很自然的。这个世界上能人很多，比我专业的人更多。我常常对很多朋友说："或许你觉得现在的川叔很了不起，但是再给你5年、7年，你会做得比我更好。或许你不用到我这个年纪，收入就能远远超过我，我很确信这一点。因为青春是最好的财富。"

我自己很平凡，正是因为平凡，所以我才不断提醒自己，要以谦卑的姿态，不断去总结和成长。

你以更理性的姿态去思考:"我要做一个什么样的人?"然后努力靠近这个目标。

就是这么简单,放手去做吧!

既然无法定义世界，那就学会接纳

不知道从什么时候起，研究生就像初夏的蚊子，一涌一涌地往外冒。每次收到研究生投递的简历，我都有一种羡慕嫉妒恨的感觉。考研对我来说是一个梦想，对你来说是个啥呢？有人觉得这是个问题，而且是个很纠结的两难问题。这让我有点儿不解。

我听到不止一位朋友向我抱怨考研的事。比如，怕找不到工作，所以去尝试考研，但又怕读完研究生还是找不到工作，考不上还白耽误了时间。有的人不喜欢本科专业，想去考别的专业的研究生，可家长觉得还不如去考公务员。有的人觉得考研是顺理成章的事儿，自己除了会考试没啥本事，研究生读完依旧不自信。这样还能继续往上考吗？

为这些问题烦恼的人基本没几个是针对就业和个人爱好而言的。这有点儿可怕。

我想道理大家都懂。"考研不是逃避就业的借口"这话估计你都会背,但是你一想到自己即将告别校园,就很闹心;一想到自己离开校园,马上就要面对同事、领导,一下子就觉得自己老了;一想到工作就要面对自己什么都不会,被人呼来喝去的窘境,真不如挑灯夜读,马上考研。可是考研结束后又会如何呢?这个你想过吗?

我的QQ上有一位和我年龄相仿的朋友,他是我的一位听众。当初我之所以通过他的好友申请,是因为我觉得他是少有的和我年纪差不多还爱好广播的人。他的自我评价是,性格很内向,不太喜欢和人打交道,喜欢面对资料、数字,只想做技术。

很多时候他和我聊天都会用半试探的语气,每次他都会先问:"你忙不忙?现在方便聊几句吗?"

他研究生毕业,学校和专业都不错。但是这些除了帮他换得一份起步工资较高的工作,并没有带给他太多的自信和肯定。他觉得自己还是和早年一样羞于和人打交道。他总说:"其实我不太知道怎么和别人聊天,人一多就容易紧张。"

他对职场没有太大的野心，也谈不上规划，工作维持现状就好。

前段时间他迷上了画画，觉得绘画可以让他安下心来。我看过他的作品，细碎的线条里全是细节，缺乏对整体的把握。

我们每次聊天都从客气开始，以彼此认真的聊天结束。

有时我说："哪天有空一起喝茶吧。"他总是讪讪地答应，却从来没确定过具体时间。

我对外语好和学历高的人都有一种错觉：有知识的人都很有魅力。但我至今都不清楚研究生学历对他们来说意味着什么，在某一领域精进，难道不是因为热爱吗？为什么我没看到？

我总爱说一句话：人生没有对错。如果考研可以把你面对社会的缓冲期拉长一点儿，让你有更多的准备时间去适应社会，那我还是挺支持那些只是因为暂时害怕面对社会而选择考研的人。但是，无论多么长的暂时，终究都有一个期限。因为我们都不是长不大的彼得·潘。

我们每天都在长大，身边的世界也在不断变化。如果我们一直和世界僵持，努力压制自己，不想长大的话，就没办法融入这个世界。

或许有个性的人会说："我干吗要去融入？"

我觉得你可以活出自己的个性，但这需要勇气，而不是怯懦和固执。

我非常羡慕那些有理想、有规划，为了爱好和前途选择考研的人。虽然有些爱好在日后看来有点儿不切实际，但至少你去做了。我也很支持那些因为没想好如何去面对社会，所以把考研当作缓冲期的人。只是我们都知道，不论你拖4年还是7年，迟早都得面对。你没办法指定你的世界里出现什么样的人。"不同"才是这个世界的本质，而我们要做的就是学会接纳不同。

02 CHAPTER

要想活下来,就得能扛事儿

职场新人快速定位手册

你如果找准了方向,就会明白自己所扮演的角色到底是什么。如果你在进入一家公司前就已经做足功课,试错的成本就会明显降低,反之,你很可能会走很多弯路。

入职后你需要问自己一个问题:你所在的部门是核心部门吗?

什么是核心部门?以销售成交为导向的公司,销售部或市场部是核心部门;以产品为导向的公司,研发部是核心部门。

你进入的是什么部门?技术部门,业务部门,还是职能部门?

你可能会说:"川叔,我一个新人,想这么多干吗?就算我知道了,领导还能让我自己挑部门吗?"

一个公司乃至一个行业都会有核心部门,你要判断出自己所处的位置,并搞清楚自己所在的部门与核心部门的关联度,这样才能避免一旦公司资金吃紧，你或者你所在的整个部门被裁掉的可能。

具有危机意识，是升职的前提。满足现状很容易麻痹大意。人一旦养成习惯，就会受困于习惯，再想转变则难上加难。我们要把功课做在前面，有意识、有目的地去了解现状，总好过之后被生活推着走，不得不改变。

之前我们集团有两个网管，主要工作内容就是修电脑、维护网络和系统，外带打打杂。其中一个网管比较资深，做事认真、踏实。公司准备搬家，他被委派负责新办公室的装修工作。

坦白说，让一个搞技术的去做这种事，压力肯定会很大。他原本的职位是支持系统里最边缘化的，现在他接了这么大一个活儿，谁都调动不了，只能自己多做一些。装修工程时间紧、任务重、要求高。他好几个晚上都没回家，守在没装修好的办公室。

他的表现，直属领导看在眼里，董事长和副总裁也看在眼里。后来项目公司有一个办公室主任的职位空出来，集团的人力资源部就找他谈话，调他过去做办公室主任。他也没有怨言，欣然接下了。

他调走不久，原本的网络支持部门就被新增的运营部门顶替了，而另外一位网管还没来得及转型就被裁掉了。

你要认清你所在的位置，尽量靠近核心部门，因为离核心部门越近就越安全。

你如果是一个职场新人，就要利用一切机会，各种工作来者不拒，这样才有更多转型的可能。你能否得到机会的垂青，还在于你能否发现自己所擅长的事，展现自己的特长标签。

说到标签，很多同学可能会说："我觉得自己没什么擅长的呀，没标签，我怎么找？"如果我们换成第一印象呢？你希望给别人的第一印象是什么？

名字不是你的标签，因为你叫什么对同事来说无所谓。重要的是，你的名字被提起时会和什么关键词联系在一起。

你是靠谱的，热心的，开朗的，干劲儿十足的，还是只爱抱怨，发牢骚，打听八卦的？或者你是一个很笨，做事很拖拉，容易拖后腿的人？

改变第一印象很难，就是因为难，是不是更应该时刻提醒自己注意，你的关联标签是什么？

也许你会说："那我是不是在当骗子啊？"

当然不是，你只是在把你最擅长的一面放大而已。

比如，你的能力一般，但是你是最热情的，那就麻烦你在闲散时间收起你的八卦之心，闭嘴吞下你的抱怨。

比如，你做事不是最快的，但却是最认真的，凡事你都要仔细检查三次，做到万无一失，踏实靠谱，那就收起你熬夜加班的小娇情，更不要想着在朋友圈晒个加班到几点的自拍，博取同情。

除了找到你自己的关键词，你还要为这个关键词做点儿什么。

没错，人的确都是360度多面的，但是对领导和同事来说，他们对你的印象可能只有一个关键词，你希望那个词是什么？你希望它是什么，就应该强化它，并且不断努力塑造它，这样它才名副其实，不是吗？

与此同时，你要虚化你的那些负能量，在你还没有准备好的时候，你展现这些给谁看？别人听到你的抱怨，看到你的辛苦，是会为你鼓掌，还是会为你加分呢？充其量你只会获得一句"辛苦了",但你要的是这个吗?你要的不是"辛苦了",而是"你真棒"吧。你要想得到这样的赞美,就得拿出担得起的付出。

认清位置,努力靠近核心部门。找到自己所擅长的,展现自己的标签。用标签强化自己的能力,能力越强,人就越容易被机会看到,而被机会垂青就会催生更多的能力。

说了这么多,如果你尝试去做了,也做到了,是不是就一定会一帆风顺了呢?未必。

职场上虽然没有什么秘籍宝典,但有一些成长的方法可以借鉴。接下来我要分享的四条成长之路,只是我自己实践经验的总结,希望你借鉴的只是其中的思路,而不是完全拷贝方法。

成长之路1:模仿成长

什么时候你觉得自己需要模仿成长?当你觉得自信心特别不足,甚至严重下降的时候。

我做领导带团队的第二年,特别辛苦,受到下属的质疑和挑战，我无法搞定，第一次开始怀疑自己的能力。老孙那时候是我们的总经理，不论是待人接物方面，还是带领团队方面，我都特别崇拜他。当时我非常想像他一样，既平易近人，又极富领导魅力，被下属尊重。我想向他请教，但我俩没什么私交，而且这个问题很空泛，我不知道该怎么开口。

模仿老孙，是我无意中想到的。当时我想，都说站在巨人的肩膀上会看得更远，既然我身边已经有一个现成的例子，而且我还这么崇拜他，那我为什么不能向他学习呢？虽然我现在的段位不高，但从一点一滴的模仿做起总可以吧。

老孙特别爱喝茶、信佛、懂养生。我开始学他的样子，买茶具，请几本佛经，看养生的书。有一次，他路过我的工位时发现我在喝茶，就很诧异地问我喜欢喝什么茶。我只能实话实说，自己还是个新手，不太懂茶，最近才开始喜欢上茶，现在喝的是绿茶，因为觉得最近自己上火了，所以喝点儿绿茶降降火。

老孙说："这都秋分了，别喝太寒的茶了。我那儿有白茶，消炎又降火。你如果想喝，一会儿就去我那儿拿。"

就这样，我和老孙因为茶的事儿近了一步。之后，他每次喝茶都会带上我,发现我也喜欢佛经,就讲一些他去禅修的事情给我听。

现在想想,我当初本来打算先学个皮毛,没承想,这却让我们之间的关系近了一步,算是歪打正着吧。

模仿这件事很容易让被模仿者有一种"我们价值观相似"的感觉,从而在心理上多了几分亲近,使模仿者更容易获得进一步学习和交流的机会。

有人总是吵着说要认识一些业界大咖。你加了大咖的微信,这不叫认识。你想让大咖认识你,可以先从模仿大咖开始。如果大咖一天更新一篇文章,你可以模仿大咖这么做,之后遇到问题时拿出这些成绩去问,总好过你啥都没做直接取经更容易让人信服,效果更好些。

成长之路 2:读书成长

关于读书这件事,年轻的朋友一定要纠正一个错误:读书这件事不是毕业后就结束了,而是终身的。

我们在大学里学到的专业知识,实际应用时远远不够。因此，毕业后我们要及时补充专业知识，这不是要求，是需求。我们今天说的读书成长，并不包括专业知识的补充和技能的提升。

我们说的读书成长这件事，是指你毕业后在补充专业知识和提升技能的同时，还要做好本专业的延伸阅读，以及和这个专业相关的知识的了解。再进一步，自我测评自己的知识结构，发现漏洞，及时补充和完善。

读书，一部分是为了学习，而更大一部分是为了搭建和完善自己的知识结构。这就好比一个人的四肢要协调发展一样，一旦偏科严重就容易畸形。比如过分注意业务能力的补充，沟通能力跟不上，这不但会影响你与别人的合作，而且会影响日后升职带团队。

如果你把所有的目光都放在追求工资上，不增强抗压性，不做好成长路径的建设，就会导致财富满足后的无力感，承受不了重压而心理防线崩溃的结果。

以上这段总结看似简单，川叔却用了7年才明白。

当年我来到北京后，频繁地换工作。这不但让我没有时间去深挖和学习，而且让我一直都处于急急火火的状态，生怕被甩下。

那段日子，我身心俱疲。直到后来我还完外债，修正自己的交友模式，调整自己的知识储备时，我才发现我读得最多的，除了专业书，就是小说，品类单一得可怕。

于是我开始有计划地丰富自己读书的品类，从名人传记到团队带领，从早年不知道如何区分书的好坏，到逐渐有了自己的标准，读适合自己路子的书。这些都需要一一探索和修正。

读书会完善你的理论知识，而实践却是成长之路上必不可少的一环。你只要去做，就会面临接下来的成长路线。

成长之路3：犯错成长

有实践就一定会犯错，有时候一次印象深刻的错误，抵得上10次赞美。因为别人赞美你，只会使你看到自己的成绩，而犯错会使你第一时间发现自己的不足。

我曾经犯过一次较大的错误。当时我刚入职一家公司，还是新人，所以急于表现自己。在一场500人规模的培训活动中，我负责准备工作。在那之前我已经做了好几次类似的活动，算是轻车熟路。但是因为人手有限，再加上大家都略显疲惫，很多事情都需要我亲力亲为。忙中出乱，由于我的一时疏忽，遗漏了一个最重要的道具。

当时董事长在现场，活动还有5分钟就要开始了，我吓蒙了，不知道怎么补救。当董事长追究责任问起来的时候，周围几个高管都望向我。我知道逃避是不可能的，我的上司这时候不可能替我背锅，犯了错就要承担责任。于是我哆嗦着站起来说："这是我的责任。"

老板看了看我没说话，用了一分钟想出一个替代的办法，这件事算平稳过去了。

为此，我做了深刻的自我检讨。从那以后，由我负责的所有活动，不但有流程表，还有物料清单及人物联络单。

我很庆幸，那次我遇到的是一个解决当下问题的领导。如果当时遇到的是一个脾气暴躁或者不依不饶的领导，我会怎么办呢？我不知道。大概不论对方骂我什么，我都只能忍着吧。

新人犯错是正常的事，被骂被教训也是正常的。没有接受过震撼教育，你的印象就不会深刻。关键是，挨骂后你要去总结，下一次规避错误，这样你才没白挨骂。

员工犯了任何错误，最终买单的都是企业和组织。从这个角度去想，被骂后你就没那么伤心了。

成长之路 4：等待成长

这是川叔总结的成长之路的最后一点。

当你在职场上经历了以上种种历练后，你逐渐觉得工作游刃有余了，但焦虑随之而来。你可能会觉得，你每天都在做重复的工作，你的工作热情开始下降，你甚至怀疑自己到了职业瓶颈期。

千万不要自己吓自己，任何成长都需要一个过程。游戏人物需要不断打怪才能升级，我们也一样。

从未知到已知很容易，从已知到熟练、从熟练到优秀很难。怎么把你觉得重复的工作做出点儿意思，这不是工作或者方法的问题，而是你自己的问题。

川叔一年做了50场演讲，走了6座城市，你说这些演讲里有没有重复的主题？肯定有。怎样才能让重复变得没那么单调和无聊？你需要自己设定主题，不断给自己提出新的、好玩的要求。

起初做演讲的时候，我完全没有经验，全靠一身蛮力在拼；做了3次之后就会总结经验，提升技巧；15次之后就容易陷入麻木的状态。这时候我需要更改开场方法，增设和删减环节。比如，演讲开始的时候做一个小调查，观察一下大一大二学生关注的侧重点，和大三大四学生关注的侧重点有什么不同。

如果今天针对大三大四学生讲一个小时，我要重点突出什么内容，他们会更感兴趣，互动性更强？我还有没有其他可以提升自己的方法？下一次我如果遇到同样的情况，如何在现场调整演讲节奏和主题？

你看，我根据现场的具体情况调整一下，就不会有重复的单调感了，反而觉得每一次演讲都是全新的挑战。能在乏味的重复里找到属于你的成长乐趣，才是你的智慧的体现。

做上司不擅长的事

大学毕业一年后我来到北京,进了一家日本动漫杂志社。上司虽然不是日本人,但是加班的频率堪比日本人,每天不加班到深夜12点是不会回去的。那时候所有员工都住宿舍,老大都不下班,谁敢提前走?我作为一个拿着行李卷儿来京的打工仔,只有遵命的份儿。

是的,你没看错,真的是行李卷儿。我妈怕我在北京冻着,让我带了被子和厚褥子进京。现在回想一下,真有点儿逃荒的阵势。

当时我这种"土老帽"除了加倍努力,没有别的退路。最可怕的是,我没想到会有"试用期不通过"这回事。因为大学刚毕业的时候,我前后做的两份工作,老板都很好相处,我也不觉得自己会差到"试用期不通过"那个份儿上,不过就是努力干活儿而已,这有啥难的?可是我千错万错,忽视了"大城市老总"的判断力。

后来我才听说，当时正逢春节前后办公室集体大变动，老总的下属带领团队集体跳槽去对手那儿了，所以公司才让我的顶头上司仓促地招兵买马。我当时连面试都没有参加，只是在网上投递了简历，就收到了可以去上班的消息……可见当年我有多蠢，多容易相信人。

我带着从同学那儿借来的1500元路费，带着我妈新做的被褥，只身来到北京。

之前，我只是匆匆来过一趟这座城市，在这里没有朋友，没有亲人。我暗暗发誓：不在这里混出个样儿，决不回去。

出来，就没有了退路。

然而世事难料，我才上班一周就被领导叫去谈话："你懂日语吗？你知道多少日本文化？"

我内心回答：您发招聘启事的时候也没要求我必须懂这些啊！

但我嘴上只能磕磕巴巴地说："我虽然不懂，但是可以学！"

上司丢下一句冰冷的话："那你做好准备，我们只要找到合适的人，就把你开掉。"

这句话无异于晴天霹雳，使我就业后第一次感受到了压力。这句话压得我不快乐，压得我半夜经常会梦见领导对我说"你可以走了"，我拿着行李流落街头，就这样自己被自己吓醒。

在这样一种高压的政策和自上而下的审视下，想和领导做朋友，简直是做梦。

之后，我拼命工作。因为我知道，唯一可以让我生存在这座城市的方法就是靠工作上的成绩让老板留下我。

同时我开始计划着存钱。我即使被开除，从公司提供的宿舍搬走，也不会流落街头。为了赚钱，我接了大量的兼职。我人生的另外一个机会便从兼职开始了。

上大学时，因为投稿，我认识了一位杂志社的编辑。当时她在上海，大学毕业时我曾经去上海见过她。我们虽然彼此并不算熟，但还算印象不错。当我们在北京再次见面的时候，已经是我来北京快一年的冬天了。那时候我已经自己租了房子，和几个朋友凑在一起，组建了一家动漫工作室，我负责接洽业务，偶尔也画画。

那位编辑比我大几岁，我叫她小王姐。小王姐换了几份工作，后来到了北京一家出版社。她负责的一个项目需要大量动漫插图，于是她就想到了我。我们在QQ里约好，出来见面叙叙旧，谈合作。

过了这么多年我都记得，当时我们相约在北兵马司胡同的棉花糖酒吧，见面后说起当年认识的种种，感慨万千。

她需要的插图数量非常多，而且时间也很紧。那是一个总价过万的活儿，这对于当年每个月都要为800元房租努力做兼职的我来说，几乎是一个天文数字。

我回去和几个画画的好友一商量，就决定接下这个活儿。

之后的几个月，大家都陷入白天上班，晚上画画，睡眠严重不足的状况。即便这样，我们还是比原先预想的时间落后很多。

为了能按期交稿，我们中的一位画手春节都没回家，老妈赶到北京和她一起赶稿，最后我们才如期交稿。

这次有惊无险的合作算是一个良好的开端。

第一稿上版后，小王姐把文件发给我看。我提出很多想法，刚好说中了她内心最想解决的问题。于是她萌生了自己创立部门的念头，准备挖我过去。

我对原来的工作本来就战战兢兢，加上工作室因为一些原因不得不解散，索性跳槽到出版社上班。

就这样，我的这位姐姐从我的朋友变成甲方，从甲方变成我后来的上级。如果说上一家公司那位严苛的上司教会我如何克服压力、努力工作的话，那么这位姐姐则教会我如何与人沟通，细致耐心地处理层层障碍。

到出版社上班不久，因为缺人手，我又把原来工作室那位春节加班的画手拉了过来。我们3个人在一个最小最冷的办公室开始了所谓的"创业"。

或许因为年龄相当，爱好一致，办公室被我们布置得和游乐园一样。门口的小黑板上每天都会有我和那个姑娘的涂鸦。

可惜这样的日子并没有持续多久。原来的项目经过我的改版后，已经很符合小王姐的要求了，但是出版社社长并不看好，图书的首印数并没有预期的多，而销售的情况也没有我们预期的好。因此我们必须开展新项目，要和其他部门有一些合作和联系。

小王姐虽然外表很萝莉，但脾气非常火爆。她有外企背景，自然看不惯国企这些老员工的做法，一旦有不合她心意的地方，就会咄咄逼人地进行反击。其他部门的人都怕她，她也不怕得罪人。但是我们这些做下属的可就惨了，总会在一些小事上被人刁难。

每次她和社长争论问题，一旦谈不拢，就会非常火大，回到办公室后依旧气愤难平，借助摔东西来泄愤。我们两个小下属通常都会被吓得噤若寒蝉。

坦白说，小王姐这个人非常不错。她教导我以大局观看待问题的方法，在日后对我非常有帮助。只可惜她太情绪化，再加上有外企背景，很容易有一种屈才的感觉。因此，只要事情不合她的意，她就会发火。

渐渐地，我开始摆正心态。我明白，我们的私交再好，如今也只是上下级关系。她极力想做好每件事，但是她太自负，受不了一点儿打击。因此，与其他部门打交道这种事，指望她教我们是不可能的。如果模仿她为人处世的方式，估计只会让我"死"得更惨。一是因为她有资格，二是因为她有一部分人脉关系，所以她如何闹都没问题。我们这些做下属的，不但没关系，也没资格。

于是，我开始尝试做一些沟通和融合的工作，探索和其他部门的沟通方法。我逐渐学会走出部门，和其他部门的人多联系，和不同的人打交道，给人留下良好印象。

我开始去做一些对接工作，防止小王姐因为与人对接又起冲突。我逐渐把所有流程类的工作都接手过来，虽然我也是一个非常不擅长与人交往的人。我忽然明白了，为上司做补充，做她不擅长的事情，才是一个下属存在的意义。

渐渐地，小王姐说我变了，变得客气了。

我笑着说："没有，只是长大了而已。"

她说："你变得比以前爱说话了。"

我说："那些同事抬头不见低头见，总是要打个招呼的。"

有些人的性格可以改变，有些人的性格或许一辈子都改不了。

我原本以为，自己少年时代的坚持，就是所谓的"个性"，可是身边的例子告诉我，你在没办法改变环境的时候，最好的办法就是改变自己的心态。我把小王姐当作一面镜子，时刻自我提醒,不要像她一样。

几年后,我转行进入广告公司,她也换了一个不错的出版集团。她有一个新项目要做,希望我过去帮她。我笑笑说:"我还是比较喜欢目前这个行业。"

她忽然感慨地说了一句:"小川,我真的觉得你长大了。以前你做我下属的时候,我就觉得你是一个特别有韧性的孩子,现在我觉得你比我强。所以,你不乐意在我手下工作,我也能理解。"

我笑笑说:"看你说的!不管到什么时候我都是你的好弟弟,都是那个在上海找不到路,一直打电话问你的那个小孩子呀!"

我说那句话的时候,忽然觉得时间的光影从咖啡杯里升腾起来,在墙壁上如电影般投下很多当年的画面。我俩面对面坐着,相隔不过几十厘米,但或许是我变了太多,或许是她变得太少,明明坐得那么近,却感觉离得那么远……

北漂12年，我凭什么熬到了现在

有一个姑娘提问："川叔，我现在在北京一家知名的电商公司实习，马上就要满3个月试用期转正了。但是这个阶段我觉得非常忙，工作压力很大，不论体力还是精神都到了一个临界点。现在我每天上班都没有动力，一想到之后还有双十一，就对上班有抵触情绪。我想回家。妈妈身体不是很好，我回老家，顺便还可以照顾她。当然我知道，回老家我充其量只能做一个普通文员，20岁就能看到自己退休的样子。而在这里扛下去或许会有希望。但现在我真的有点儿吃不消。您有什么建议吗？"

我们总会经历人生的黑暗时光，这时就会特别渴望别人的指点。或许我们需要的不是建议，而是确认现在的这些付出值得，让自己看到继续下去的希望。所以今天我想说说，北漂12年里，我几次想离开，却为什么留了下来。

2004年2月的最后一天,我来到北京。来的时候我向3个同学每人借了500元的路费,这1500元的欠款,我还了快小半年。

来北京后,我从服装设计转行做动漫杂志编辑,遭遇过进公司一周就被主编说"只要找到合适的人,就把你开掉",遭遇过连续3个月每天加班到夜里12点,遭遇过被否定、被比较、被永远不看好。

来北京的第二年,一个同届但不同专业的同学联系我,找我借钱。他当时住在地下室,3个大男生挤一张床。每晚睡觉前他都需要在床边搭一个凳子才不至于掉下去。他一直都觉得自己怀才不遇,客户不识货。

"你放心,等我签了这个大单,我就把钱还给你。我现在谈的可是一个别墅项目,装修费就好几百万。他们做的那些小活儿我根本看不上。"他言之凿凿,眼睛里充满了鸡血一般的热情。

他跟我借了200元,出门就在小卖店买了一包20元的烟。他说:"人生可以没有饭,但不能没有烟。"

那个大单他最后没有签下来。他又挺了3个月，没接到任何一单，于是决定回老家。他离开北京的那天，我去送他，在车站附近的烟摊儿买了一包20元的烟塞给他。他狠狠地抽了一口烟，看着"北京站"几个字，问我："川儿，你觉得留在北京有意思吗？"

我说："我也不知道。大家都说北京好，大概是因为城市大，机会多吧。"

他忽然扭脸看着我，恶狠狠地说："你现在一个月赚2500元，每个月去掉房租、饭钱、交通费，顶多存1000元。要是你想在这里买房子，付个首付需要10万元。你知道10万元需要存多少年吗？至少10年！你想过吗？你还留在这儿干吗？"

我被他吓了一跳，退了一小步说："我也不知道，就想着以后也许会有变化吧！以后……"

"去他的以后！"他忽然把自己手里的行李包甩出去好远。

我当时吓得立刻闭了嘴。

他看看我，挤出一个笑容，踉跄着去捡行李包，背朝着我，没有回头，冲我抬了下胳膊挥挥手，故作潇洒地说："为了你的以后,加油吧!我撤了。"

回去的路上我没坐公交车,一边走路一边想:我到底留在这座城市干吗?我要不要也回去?

他说得很对,一个月赚2500元,挣一个首付,需要10年。我还没告诉他,我家里欠了10万元的外债,我准备先还完这笔欠款。一个月存1000元,还10万元需要10年,想买房再存10年,那时候我应该就40多岁了吧。40多岁?那不是大半辈子都过去了吗?

那时年轻的我,一想到自己40岁或许还活在这座城市的底层,朝不保夕,就免不了一阵害怕。

回老家吗?我摇摇头。哪怕回,也要还完家里的欠债。攒10年也没关系!

两个月后,我跳槽去了出版社,工资涨到了3800元。我还是相信,人都是会有以后的。

出版社是国企,环境轻松,工作压力小,养人也磨人。那段时间我接了很多兼职去丰富自己的业余生活,写稿子、画插画、做电视节目编导、写剧本、演话剧。有的给钱,有的是骗子,钱都要不到。日子过得不富有,但也不算穷。

我知道，我很笨，也没什么才华，或许这辈子只能靠写字养活自己。我比不了那些有才华的同学，也没有一个可以帮我付首付的家庭。但正是因为这样，什么都要靠自己的我，才更应该留下来。因为有些东西当初父母、家乡都给不了你，现在回去一样给不了你。那就留下来，拼一把吧！

4个月后，我之前做编剧认识的朋友跳槽了，她成了一个大项目的负责人，急需要编剧。她第一个就想到了我。我接下了两百集的节目编剧，赚到了人生第一笔10万元。

你永远都不知道下一刻会遇到什么，只能选择满怀希望地活下去。

还了外债后的几年，有段时间我忽然不知道自己为了什么再继续忙。找了一份不咸不淡的工作，谈了几段不靠谱的恋爱，写了一年小说连载，演了两场话剧，做了三场明星采访，开了电台节目。除了没有存款，我觉得自己活得很快乐。

一转眼，我到了该结婚的年纪。家里催，长辈急。当时我的人生目标和爱情一样模糊。对我来说，工作自在开心就好。我没想过什么大的发展，不想干就辞职，反正月薪两三千的工作哪里都有。爱情，分分合合太多次，厌倦了，或许结婚只是找一个合适的人定下来而已。

我原本最看不起那些庸庸碌碌的人,到头来自己也逃不过"平凡"二字。我有点儿认命了,觉得也许这辈子就这样了吧。

后来我遇到了一个不错的北京姑娘。谈了一年恋爱,我就去提亲了。那时候我才进广告公司,月薪5000元。那是当时我能拿到的最高的工资。我把年薪10万元当作人生的终极目标去追求。我想,只要给我时间,我是可以做到的。

女孩的妈妈听了我对未来的畅想没点头也没摇头,只是笑笑说:"我家孩子从小在北京长大,没吃过什么苦。每个做母亲的肯定都不希望自己的宝贝女儿吃太多苦。

"你已经30岁了,没房没车,阿姨可以忍,但你不能对自己没有一个规划。到你这个岁数,人生差不多都定型了。所以阿姨不得不实际一点儿,为你们的未来考虑一下。

"关于结婚,阿姨也不想为难你,但阿姨需要一个保证。不是口头上的,我要踏踏实实看到我的女儿有保障,将来不会受苦。每家提亲都需要彩礼钱。你放心,你家给多少彩礼,我们就回多少。这也是为你们的将来做点儿储备。我觉得怎么也得10万元吧。"

我能理解一个母亲的难处,但我的确拿不出这么多。别说10万元,当时我连1万元都没有。

我打电话和我妈说起这个事。我妈沉默了3秒说:"咱家的房子卖了值20多万元,妈给你出这10万元。"

我说:"妈!我都30岁的人了,不用您操这个心了。卖了老妈的房子娶媳妇,这事儿我干不出。"

我觉得这不是没钱的事儿,或许是没缘分吧。后来,我和她就这么分手了。

分手后我痛苦了大半年,工作换到了公关部,在匆忙的活动布置中过了自己30周岁生日。我又一次动了离开北京的念头。我在这座城市奋斗过,拼搏过。也许我永远只是这里的一个最不起眼儿的小鱼虾,再没有长大的可能了。我只能在这里蹉跎时光,等待死去。

我问自己:在这里待够了吗?

然后我摇摇头,回答自己:我觉得,还没有。

一年后,我被领导选中,跟着他一起来到现在这家企业。

又过了一年,我拿到了原以为要穷尽一生才能拿到的年薪

10万元。

很多事情,其实没有那么遥远。未来,等不来,你总要做点儿什么,才能让它加速到来。

如今我依旧像个小学生,奔跑在自媒体的浪潮里。我一面做着本职工作,接受各种飞来的考验,一面做着自媒体和个人品牌,从直播到微课,不敢放过任何机会。

我还是很笨,脑子慢,很容易跟不上步调。年纪一大把,我也不敢说自己很努力。我的确做了一些事,但和别人一比,还远远不够。

北漂12年,几次想走又犹豫的瞬间,其实都不是对这座城市的拷问,而是对自己的质问:你是选择忍受痛苦,去寻找机会,还是选择回老家舒舒服服地死去?

每一次我都选择留下来,只是因为,我觉得痛苦总会过去,所谓的舒舒服服,或许才是另外一种痛苦。

稳定的情绪，就是你的职场竞争力

人的一生难免会遇到一些喜欢骂人的人。川叔在职场上有过两次印象深刻的挨骂经历。第一次挨骂的不是我，是我看到了领导骂别人。

我进入一家关系很复杂的企业，总经理是个"空降兵"，外聘来的，副总是本企业的老员工。

两位经理同为女性，本身就"同性相斥"，总经理上任的第一次亮相就被副总给了一个下马威。后来更是演变到势如水火的态势，居然到了开会的时候副总直接说"有事告退"的程度。

我当时人小力单，属于另外一个"与世无争"的挂名领导的手下。作为他的下属，我只做自己会的那么点儿事情。因为对业务了解有限，所以我基本处于打杂的位置。可我万万没想到，这反而使我成了总经理的小跟班。

简单来说就是,总经理和副总闹不和,副总严格把控着手下的兵马,总经理手底下根本没有兵。总经理只管两个副总,现在一个副总常年不在公司,跟另外一个又势如水火,怎么办?于是我就被她"借调"到手下,成了她的跟班。

说白了我就是一个贴身小助理,帮忙买个咖啡、定个会议室、订车、联络、陪开会、陪听汇报……没什么实权。

在跟随这位总经理一年左右的时间里,我基本学会了适应她的风格。我会提前做好每周会议通知,前一天晚上发短信通知她,第二天早晨提前半小时提醒她出门准备,之后买好早餐,打车绕路去接她。在车上她边吃早饭边听我说今天的会议议题和内容,以及乙方的背景资料等。

也许是因为陪开会的次数太多了,我逐渐掌握了一些业务名词,懂得了一些业务上的事情。就在我以为自己学会一点儿皮毛刚要入门的时候,这位总经理被扳倒了。董事长杯酒释兵权,一顿饭就把她从总经理的位置撤了出去,让她去集团业务部门做副总。

她调走没能把我带上,当时我还有点儿小怨愤。后来想想,我的能力还没到让她青睐的份儿上,而且她已经自身难保,怎么可能顾及我呢?所以我只能自求多福。

接管总经理一职的是位男性,来了3天,基本上只是打个照面然后就看不见人,躲进会议室和副总开了很多对谈会。之后,他找总裁争取福利,改制度,忙得热火朝天。

他几乎找每个下属谈话,唯独没有找我和销售总监谈话,因为我们算是前总经理留下来的人。看来这是要杀鸡给猴看啊。

虽然我惶惶不可终日,但是该做的事儿还是得做。

新总经理和副总在密谋商讨"杀谁"的时候,我已经紧张万分,这时候又迎来了晴天霹雳,我原本的挂名上级忽然要去国外留学,于是孤苦无依的我被记恨我的副总收编。

在副总组织的部门会议上,我看到副总脸上洋溢着灿烂的微笑,完全是一副女皇登基、媳妇熬成婆的快意恩仇的表情,我和销售总监只是被她点拨了一句"继续保持工作"。

那时候的我还没想到,这只是暴风雨前的假象。

总经理搞定了上级,帮我们争取了福利,每个人每个月多发了800元的补助,获得了"民心"。他不知道又用什么方法"俘虏"了副总。"攘外安内"工作均做好后,"霍霍磨刀"

的声音响起了……第一次部门全体会议召开。

当时我和销售总监都在项目上忙得鸡飞狗跳，自认为夹着尾巴做人，不敢有半点儿差池。我心想，好歹我们没有功劳也有苦劳，没错误，也不求领功。但该来的还是来了。

以前我们部门开会一般都需要很长时间，最少也得一个小时，除了汇报工作，还有领导总结，以及下一步工作的实施，等等。所以多数人都会带着水杯、本子和笔。

那天的会议很出奇，以副总为首的下属都只带了本子和笔，好像接到了临时通知一样。只有我事先并不知情，带了一个水杯去。

总经理第一次正式闪亮登场。他简单回顾了一下上任以来做的事情，包括争取福利等。之后，他话锋一转，突然说了一句："我个人的原则呢，是不开长会，不开大会，所以在我的会议上，绝对不允许有人带着水杯参会。因为这种做法让人觉得像国企一样。"

突然的发难，让我有点儿蒙。我环顾四周，哎，怎么就我一个人带了杯子呢？我连忙站起来说："抱歉，我下次一定注意。"

"没有下次,现在就把你的杯子拿出去!"总经理吼着说。

我吓了一跳,内心吐槽:至于吗?你如果有这样的习惯,就早说啊!何必对我大呼小叫!

"圣命"难违,我只能拿着杯子灰溜溜地出门,寄存在前台。

之后,总经理做完"吓唬我"的工作,就开始说业务,矛头直指销售总监。

我一看就明白了,全场那么多人,就说我俩,这摆明了是拿我俩开刀啊!其他人都在窃笑。我瞬间有一种"中计了"的感觉。

销售总监是一个很要面子的人,他无法接受别人质疑他的专业能力以及不作为。针对总经理的指责,他进行了据理力争的辩解。于是,两位男性的争执很快到了白热化的程度。

当然,总经理不是吃素的,毕竟他是销售出身,有很强的专业能力,几句切中要害的诘问让销售总监卡住,之后他展开一连串的反问。

最后,销售总监以冷脸、消极、嘲讽来抵抗。这是要辞职的节奏啊！

这次会议其实就是针对我和销售总监的批斗大会。会议解散后，我俩被留下。总经理将大会上压抑的怒火又挑起来，反复质问销售总监："你的工作是什么？你做了什么？你发挥的作用为什么我没看到？"

销售总监也火力全开："你懂这个项目的复杂性吗？你知道我前期都做了多少工作？你以为从无到有那么容易？你知道协调所有的事情有多难吗？我把原本应该总经理来协调的事情都做了，你还希望怎么样？"

总经理一拍桌子，场面空前尴尬起来。

在那一瞬间，我头脑里的频道一下子转换了。为什么转换，我不知道。我忽然有一种"不过如此"的感觉。情绪化是一个人最大也是最致命的硬伤。如果你遇到一个容易情绪化的总经理，无非证明两点：第一，他没把你当外人；第二，他的专业水准没你想的那么厉害。想让下属服你，得具有管理才能和专业能力，而不是比谁的嗓门大。现在别人怕你，或者不敢回嘴，很多时候不是真的服你，只是忌惮你背后的权力而已。如果一个公司领导只能靠身份压制下属，那么这样的领导有什么好怕的呢？

在那一分钟左右的沉寂里，我瞬间开悟。

之后回工位的路上，销售总监负能量全开，唠叨的无非是"他凭什么对我大呼小叫，我不干了"之类。我边听边打哈哈，内心想：你不干了，那不正是他期望的吗？

后来，就像大家想的那样，销售总监负气辞职了。我忍了下来，后来还和总经理成了不错的朋友。

被领导骂不可怕。如果你是因为业务问题而被骂，这有助于你的成长；如果你是因为领导的情绪失控而被骂，那就是领导没格调。你被各种骂，最后磨炼成业务精进的人。你面对各种情绪的挑战，最后变成自我控制能力更好的人。那么，你取代领导的位置，只是一个时间长短的问题。

不是所有的领导都具有领导品质。一个下属要成为领导，做好业务只是最基本的事情，只有真正具有领导品质，才能做好领导，做领导后的日子才不会那么难过。

我的第二次挨骂经历是我被下属骂。

每个公司里都会有"皇族"，我们叫关系户，我的团队里也有。我和这位关系户最开始就结过梁子。在我刚来公司的第一年,她来到分公司,被上司放到我的部门。我的手下不缺人,加上她的专业能力不太行,而我又不知道怎么处置关系户,说也说不得,说了也不听。没过多久,我就向上司求饶,直言"带不了这个人"。

对方貌似听到了这个传闻,于是自己和人力资源打了个招呼,调到了集团。

我以为我们之间的孽缘会到此为止,没想到两年后,分公司重组,我也被调到集团,偏偏和她进了一个部门。不久我升职了,又成了她的领导。她成长了很多,但我们的关系很别扭。她几乎不和我说话,汇报工作越过我,和我的直属领导汇报。为此,我专门找我的直属领导商量,到底应该怎么带她。直属领导给我的答复是"你只能用时间来填平鸿沟"。

一转眼到了年底,每年的年会活动都由她负责,今年也不例外。她把方案发给我时,我习惯性地想要指导,但想起之前的不愉快和她倔强的性格,就忍住了。于是我只好等着,等到和直属领导开会的时候,看看他的反应再说。

大部分时候直属领导比较纵容她,方案差不多就可以。

但这种差不多的态度，随着集团每年求新求变的需求而逐渐收紧。她的压力有些大。我不好多说什么，因为这对她来说或许是好事。

她是直属领导手把手带出来的，执行了好几年年会项目，很容易把过去的经验当作基础，受困于过去的模式，无法做出创新。在平时的沟通中，如果我说出自己的想法，她就会提很多反对意见，或者从执行的角度看问题。我自己也从这个阶段走过来，完全能够理解她。况且，发生冲突对彼此的关系也不好，我索性就不提意见了。

直属领导知道我是一个有创意的人，所以带着我们一起开策划会，在会上点名让我提一些有创意的点子，让方案内容丰富起来，之后又帮我们分了工。

工作中，即便是当场拍板的事，后期执行的时候也会有偏差。视频拍摄内容当时分给了我。在拍摄时长和形式上我和她起了争执。我记了会议决议的内容，因为这个策划内容是我想的，所以我更清楚拍摄的形式。但她一直坚称她记得结果。如果视频从前期拍摄准备上就有偏差，那么等拿到后期剪辑完成品再改就来不及了。虽然我职位上是她的领导，但在这个项目上,她是总负责人。既然我们彼此都无法说服对方,我就只好去找直属领导确认。

临近年底,直属领导忙得焦头烂额,他只听我说了3分钟就一脸阴沉地打电话把她叫来,然后把方案从头再顺一遍,再次确认标准和分工,变相地骂了她一顿。

她刚出直属领导办公室的门,脸色就变了,在走廊里直接对着我大喊:"有什么事不能和我沟通,非要跑到这边告状!你有意思吗?"

旁边秘书部的同事,路过的其他部门来汇报工作的同事都被这喊声吓到了。不明白情况的人都以为是我欺负了她。我看了她一眼,心想:这件事我前后和你沟通了3次,你一直坚持你的记录是对的,我不得已才来找直属领导定夺。事情做好了,功劳是你的,做不好,背锅的是我。你现在觉得委屈冲我大吼?你还是反思一下自己吧!

这些话我是有机会用比她更大的声音吼回去的,包括之前我认为的种种不平和委屈。不过最终我还是放弃这么做。一来,我认为在办公区吵架,不论谁对谁错,面子都不好看。二来,我觉得带着情绪的争辩往往不是在讲理,而是在发泄,我讨厌这种无谓的发泄。

最后,我只是看了她一眼,什么都没说,就回到了工位。

虽然理智上我很克制,但情绪上还是觉得比较压抑。我刚坐下,就有好几位同事在聊天软件上问我"发生了什么事"。有的人是因为和我关系好关心我,有的人则纯属出于"吃瓜"心态。

可能是我的沉默让她觉得更郁闷,所以回到工位上后,她使劲摔了一下笔记本。

我犹豫了一下,决定去楼下的星巴克喝一杯咖啡。在等咖啡的时候,老板的秘书发来信息问:"刚刚听她在秘书部门口冲你大喊来着,没事吧?"

我回答:"没事儿。"

秘书说:"没事儿就好。有些事不能太计较。带着情绪争吵,没什么输赢对错,每个人都觉得自己应该赢。"

最终,我如期交付了自己负责的东西。那年我是总主持,在流程环节上遇到很多问题,我都尽力去帮她一一化解。

年会结束后,我的团队负责收拾场地。这时,她拿着一个毛绒玩具走过来对我说:"这个送你吧!这两天辛苦你了,谢谢你。"差不多从那以后,她才真正成为我的下属。

人人都会有情绪,关键是你用多长时间把它消化掉。一天,一小时,还是一分钟?冲着下属大喊大叫是逼走下属最直接的方法,这样做,除了降低你的格调,滥用你的职权,你获得不了任何成功的快感。

那一刹那争吵带来的优越感,只是因为职位,而不是因为能力。心平气和地把事儿说清楚,才叫本事。

我亲眼见过那样的领导,所以我不想做那样的领导。

控制好情绪,需要走很长的路。你以为在别人面前发火是在树立威严,但恰恰暴露了你的软肋,告诉别人,你不过如此。

凡事主动点儿，保命

我是一个很被动的人，不知道看这本书的小伙伴有多少和我一样。

我的被动，说好听了是被动，说难听了是懒。我害怕选择，于是听父母的、听朋友的，似乎这样，自己就不用承担责任了。毕竟，如果错了，那不是我的错，都怪他们。所以我在前半生基本没有主动过，更多的是被动接受。我常常抱怨现状，却从来不敢主动走出去，因为我害怕。

我自诩算是一个适应能力很强的人，但我害怕出去，所以选择留守。我能走到今天，或许和三件主动的事有关。

我第一次主动，几乎是被好朋友推着走的。

没进广告公司前我是一个图书编辑。当时图书编辑的工资是2000多元。

所谓"人穷志短",这句话并不是损人,而是因为人若是太穷,只能看得见眼前的利益。交不起房租吃不上饭,还谈什么理想?

我能去广告公司,还要感谢我的好友小天。如果没有他当年悉心的指导,大棒加榜样地推动我,估计以我软弱的个性可能至今还在徘徊中。

那时候因为工作不忙,上班很清闲,所以小天总是约我出来聊天。他听说我在物色下一份工作,就提起朋友圈里有位好友所在的广告公司在招人。我只是应付着答应,并没太在意。一来是因为广告行业自己不熟悉,二来是因为开口求人这种事,当时我抹不开面子做。

人呢,就是这么奇怪,越穷,越把面子看得很重要。越被动的人,越没什么自信。不知道这是不是恶性循环。

隔几天,小天找我吃饭,问我工作如何。我说,和对方沟通了一下,后来就没什么下文了。小天听了立刻纠正我:"这是你求人家办事,自己不主动点儿,难道等着别人开口通知你吗?这位朋友你又认识,干吗还拉不下脸呢?"

小天是典型的行动派,当年他就已经是一家中国500强企业的经理。他当着我的面拨通了对方的手机，帮我询问进展情况。对方说，刚好部门负责人在，如果方便，下午我可以过去聊聊。小天就这样在电话里把面试的事儿敲定了。

我推三阻四地说："我还没吃饭，没做什么准备，这么去是不是太突然了啊！"

小天急切地说："你不是把简历发过去了吗？作品什么的都有吧？没带的话回去取，立刻去！饭什么时候吃不行啊？少吃一口不会死人，但是错过了机会就会错过很多！"

我边走边说："我真的不懂广告啊！"

"不懂你就笑，没人反感会笑的人。"这是我出门前听到的小天送给我的最后一句话。

当面试我的部门总经理一脸讳莫如深地看着我时，我就自动地满脸堆笑。了解我的基本情况后，总经理向我介绍了公司情况，带我参观了公司的一些成果展览。在这个阶段，我基本一句话都没说，因为完全不懂啊。我就记得小天告诉我的，要笑。所以从头到尾我都保持着明媚灿烂的笑容，以至于出门的时候感觉自己的脸部肌肉都僵硬了。

面试完后，我打电话给小天，汇报面试情况。小天说：

"反正那家广告公司有熟人,你要多和对方保持联络,这样才能随时知道动向。"

没过多久,那位朋友就告诉我,最近可能会安排我第二轮面试。果然,当天晚上我就接到了第二轮面试的电话通知。

第二轮面试的核心内容是谈工资。这一点我完全没经验,对我来说要个3000元就够了吧。

小天说:"工资这个东西,你如果要低了,容易和以前一样,不重视、不珍惜这份工作,只要遇到挫折、打击、困难,就很容易放弃这份工作。所以如果工资高一点儿对你来说是动力的话,那么你要多一点儿也不是坏事。"

之后,他给那位广告公司的朋友打了电话,了解到我的直属领导的工资大概是1万元,那么我要5000元比较合理。5000元!天啊!这在当时的我看来几乎是天降的惊喜。

当HR问我"你之前的工资大概是多少"时,我就按照小天教我的,说大概4500元。

HR又问:"那是税前还是税后呢?我们这里给员工上五险一金。"

我当时有点儿没底气地说:"是税前。"

HR继续说:"我们这里发13个月的工资,年底会发双薪,此外还有年终奖。"

当时我的内心独白:啊!这么好!那4500元也可以啊!

聊完后,HR让我回去等消息。

出门我就打电话问小天:"这个数是不是要多了啊?"小天说他在出差,回头等他了解一下情况再说。

等待的这3天可以说是我人生里最漫长的时间。小天从外地出差回来,拉着行李箱就约我喝茶。他对我说,每个人去面试,企业都会权衡一下,不可能面试一个就决定录用,所以等待是一个彼此缓冲的过程。他通过那位朋友打听了一下,这阶段的确还有一个人去面试过,但效果并不好,所以我还是很有希望的。

在小天的言传身教下,我发了一条短信给面试我的领导,短信的大意是,我虽然还需要时间在现在的公司进行工作交接,但可以先着手熟悉一些文字加工的事情。

这是小天教我的,主动表达诚意,为自己争取一下机会。

发出这条短信后我得到如下回复:"部门经理在出差,他回来应该就可以敲定。"

两天后,我得到了入职通知。

一年后,部门经理跳槽,他打算带上我去新公司。我第一次主动为自己争取了一下,提出职位和薪资要求,并且如愿以偿。

入职半年后,带我过去的部门经理选择辞职留学。我主动选择留下来,从一个小文员逐渐做到核心管理层。

在广告公司的这两年多时间,我经受了很多打击和压力。这些打击和压力促使我快速成长,并且使我形成了跨界视角,从而在下一个甲方公司能够坚持9年。

我曾经问小天:"为什么要这么帮我?"

他说:"因为我觉得你很有才华,只是你一直看不到自己的闪光点。我觉得你以后会很优秀,万一将来我有什么难处,你就可以帮我啦。其实我只是在帮未来的自己而已。"

这些话成了我面对工作困难、职业瓶颈,甚至到了崩溃边缘的时候唯一的慰藉。

"我也希望可以成为优秀的人,希望将来有机会帮到你。"这个愿望成了我晋升的一个强硬的理由。

主动其实并不难，只是很多人都和我一样，必须被逼到生死存亡之际，才不得不做出选择。如今我依旧会选择主动做一些事，主动帮一些人，主动面对一些挑战。因为我知道，我或许没什么机会帮到小天，但我有机会帮到当年的自己。

这或许是我写下这些职场感悟的初衷。希望这些文字可以帮到你，哪怕一点儿也好。

宁可做了失败，也别不做后悔

人活这一辈子，没想法和想法太多，都是特悲哀的事儿。就好像临近毕业，你无路可走，或者路太多不知道选哪条，都是悲哀的事。

大学期间，我的心态一直都很好，一切顺其自然，可越临近毕业我就越慌，也不知道哪儿来的那么多焦虑。有时候我晚上做梦，梦到自己30多岁的样子，特平庸，然后把自己吓醒了。

那会儿我可能过于矫情，套用小沈阳的一句话，总觉得这日子就是"眼睛一闭不睁，一辈子过去了"，觉得自己也就这样了。毕业后在三线城市混几年，到了30岁，人生基本就定型了，然后感叹"哎呀妈呀，人生就这样玩完了"。

年轻的时候我们总喜欢畅想未来，时间单位在我们的意识里特别短，比如我们很喜欢用"不过就是三五年"这一类说法，觉得"三五年"就是转瞬之间的事情。可毕业后切身体会的时候，你才发现，别说三五年，哪怕是一年，你都会觉得像过了一个世纪那么长。

因此，现在我特别理解一些刚毕业一两年的年轻人，他们觉得焦虑、孤独、迷茫，甚至无望，找不到人生的方向，日子过得举步维艰。我每次看到这样的来信都能深深地理解，却对此做不了什么。因为我觉得，成熟需要一个过程，就好像种子萌芽一样，如果不在土层下经历一段黑暗时光，就不可能有破上而出的一天。

毕业就是一场煎熬，你不论能否挺得住，都要这样一步一步地走过来。而你走向社会时面临的第一个课题就是"选择"。

我常常说，一次选择决定不了一个人的一辈子，就好像一次婚姻无法决定你的幸福一样。虽然道理人人都懂，但当你真的去面对的时候，还是会内心烦乱，不敢轻易决定。

不论接受家里人给安排的工作，还是去报考公务员或考研，不论从事本专业，还是决定转行，不论选择在大城市打拼，还是选择回家，这都是选择。甚至30多岁后，你依旧要面临选择,你是选择在这家公司继续工作,还是选择跳槽,去另外一家公司。

我是一个选择障碍患者,非常讨厌给我自主权让我去决定,因为做了选择就意味着可能会失去,有失去就意味着可能会后悔。

每次我收到一些人的来信,让我帮他去选择考研还是工作的时候,我都会回:"这是你自己的事情,你要自己来选。"

大学毕业后的第一堂选择课,是我们走向成熟的开始。不管你过去有想法也好,没想法也罢,此刻你都得做出选择。生活在逼迫你,要你学会自己做决定。这是一个特别难得的机会,你不应该放弃。

我大三那一年,尤其是后半年,几乎都在焦虑中度过,关于选择和未来这件事,我一直到大四上半年才想明白,也调整好了心态。不就是对自己的人生负责吗?我知道我不是不敢选,我是怕。怕什么?怕后悔。既然人生没有什么后悔药,那么怕也没用。

我要做的第一个选择就是,要不要毕业后就转行。我知道这个话题有点儿可笑。

川叔学的是艺术设计。没错，这条路是我自己选的，但当时我之所以选择学美术，是因为我喜欢画漫画。我其实对设计不感兴趣，大学4年专业课学得马马虎虎，关键是我的作品并没有为我带来很高的成就感。

那么问题来了。你学了4年专业，毕业时说："对不起，我选错了，我现在可以换别的爱好吗？"估计我爸妈听到我这么说，第一时间会用笤帚疙瘩把我敲死，因为他们一定觉得这孩子脑子进水了。

随着我的长大，父母老了，我和他们的人生距离越拉越远。他们的人生经验再也无法指导我了。

以前我总觉得，他们是在用他们的人生经验来要求我。当我逃出他们的掌控后，我的第一感觉是自由，随之而来的则是害怕。我第一次觉得，没有商量的人是一件很让人难受的事。

我不知道每一个看似靠谱的大叔背后是不是都有一段曾经不靠谱的人生，至少我在年轻的时候是非常不靠谱的。

我差不多用了一年的时间去思考：大学毕业后，我是由着自己的性子去找一份和漫画有关的工作,还是选择本专业,不辜负这4年?

最后我决定,先从本专业做起,不论成与不成,都算是给自己一个交代。有些事,只有去做了,才知道结果。

我的第一份工作是去福建的一所学校做专业课老师。

可能我当年脑子比较笨,没有那么多想法,也没有面试经验,在网上发了简历,发了毕业作品,对方说"不错",我就屁颠屁颠地跑过去了。从东北到福建,我坐了三天三夜的硬座火车。当时我居然都没考虑过面试不通过这回事。你相信吗?

可能真的是初生牛犊不怕虎,我懵懵懂懂地过了初试、复试,试讲都通过了,可等到签合同的时候才发现那份"卖身契"有多苛刻。我那时候年轻,脾气特别暴,受不了一点儿委屈,觉得这就是霸王条款,完全没考虑很多时候都是卖方市场,刚毕业的孩子没有讨价还价的余地。

我没有签约,紧接着面临的问题就是找下一份工作。之后,我辗转了3座城市,开始追着人才招聘会的尾巴跑,身上带的钱越来越少,住的旅馆越来越差,被打击得信心越来越缺乏。我第一次尝到受挫的滋味。

在我快要放弃希望,准备夹着尾巴灰溜溜地逃回北方的时候,转机来了。我陪室友去面试,意外得到了一个推荐的机会。虽然这是一家服装公司,但我做的并不是设计类工作。

人生的第一份工作多数和自己想象的有偏差。如果你做的并不是自己想做的事情,你的忍耐度会非常有限。枯燥的日子,独特的南方假期制度——一个月休息两天,让我有一种水土不服的感觉。我不知道自己为什么在这里坚持,而且还是为了一份自己不喜欢的工作。

我一旦有了这个想法,就坐不住了。于是我开始偷偷地投简历,寻找下一个合适的机会。我期望自己可以做设计类的工作,这样即使最终发现我不适合设计类的工作,也对得起自己。

令人啼笑皆非的是,这时一家服装公司给我打来了电话。去南方前,我参加了这家公司的招聘会。当时总经理对我印象很好,只不过他们并没有考虑招聘男设计师。后来随着业务的扩张，老板决定增加一名男设计师，总经理第一时间想到了我。

那通电话为我开了一个光明的窗口，照亮了我难挨的人生。我急急忙忙地辞职回了北方。在回来的路上，我暗暗发誓：经历过这几个月面试、上班、折腾的日子，我明确了只做设计的想法，回去后无论面临的问题有多大，都要忍住，坚持住。我既然选了这条路，就要坚持走下去，至少我要学到点儿什么再走，这样才对得起自己。

在以后的7年里，每次我换工作前都要对自己说这句话："学到点儿什么再走。"正是因为这句话，我在那个家族企业里，面对强大的工作压力、纷乱的办公室斗争、种种的不公正待遇，以及巨大的挫败感，都一一忍了下来。

我忍到了学会在设计和市场中间折中，忍到了自己可以独立带一条流水线，忍到了自己设计的作品拍成了产品图册，然后才毫不后悔地对自己说：你看，你想做的都做到了，现在你是要坚持，还是选择别的？

那一年春节过后，我选择去北京，从我最喜欢的漫画起步，正式开始了北漂生活。

人生那么长，每个人都有很多想干的事，有时候不是我们不敢去想，而是苦于没有机会，有了机会，我们又害怕放弃。

年轻的时候，我们最不缺的就是对这个世界的好奇。我不知道有多少人和我一样，那时候的我对什么都感兴趣，很多工作都想尝试。

此后的7年，我换了6份工作，跨了3个行业。对待每一份工作，我都带着浓厚的好奇心；面对每一个新领域，我都对自己说"学到点儿什么再走"。

30岁前努力犯错，拼命尝试；30岁后开始靠岸，学着靠谱。有些事年轻的时候不做，就真的没有机会再去做了。

我从来不怕失败或跌倒，只怕把一些期望一直埋在心里，最后变成内心时常叨唠的痛。

宁可做了失败，也别不做后悔。年轻的时候，我一直用这句话鼓励自己。因此，我每次跨入一个新领域，都有足够的勇气去面对。

我是一个忍耐力和适应力超强的人，我的目标就是活下去，学到东西，有收获。这种简单粗暴的人生信条在那个阶段成了我的生存法则。或许我的人生经验并不适合你。每个人都有自己的属性,就好像每个人都有专属于自己的指纹一样。当你面对未来无从选择的时候,别害怕失败,别让自己后悔,或许这样可以让你勇敢做出选择。

私藏书单推荐

要成事,先扛事
小川叔的『扛事书单』
成事者必读

扫描二维码
回复"扛事书单"
获得书单

新人就必须加班吗

以前我面试新人的时候,有些人会在面试快结束时向我提问:"公司加班多吗?"我每次都会笑着说:"我们公司不提倡加班,只要你完成工作,就可以按时下班。"

至今我也不倡导新人必须加班,尤其是自己没什么事儿,只是因为团队没人下班,所以自己也不好意思走的那种假加班。这种加班是最低效的,对自己没帮助,对公司也没意义。

我所在的公司一直很少有人加班,可能年底时加班最多的是我们部门和财务部,因为我们部门要负责年会,财务部年底要汇总做核算和审批。

我之前工作的广告公司,团队成员很少有准时下班的。因为大家都是夜猫子,不论是做设计,还是写文案,都是到了半夜才有灵感。

后来,我去了公关部,发现加班是作息不规律导致的。上午10点上班，来了随便玩一玩就到了吃午饭的时间，下午开个会，做点儿工作，就自然到晚上下班时间了，没完成的工作只能靠加班来完成。其实大家加班只是为了完成定额的工作，因为时间管理不得当，拉长了时间。我明白这一点后，再看到一些项目组的小伙伴熬夜加班，就一点儿都不羡慕了。

有两种加班我不会阻拦。第一种是新的领导来，要花很多时间进行摸底。白天开会分身乏术，只能把一些梳理工作放到晚上做。

我们项目上的营销总监属于这种人，但我通常会和对方说清楚：如果你有情况需要了解，我会尽量配合你，但其他人并没有这个义务。所以如果你下班后要找某个员工或者领导交流，最好提前打招呼。

还有一种是刚参加工作的职场新人想了解更多情况，想利用下班时间沟通和学习一下，很多工作不熟练，希望把一些事情多做几次，顺便利用公司的环境请教一下同事。这种加班我很欢迎。

我以前带过一个实习生，他就属于这种人。小伙子刚来的时候很怕生，不敢打招呼。他来实习托了关系，所以大家不好怠慢他，但也没指望他能学会啥。

他来公司第一天，人力资源部的同事为我简单介绍了一下，就给他安排了工位。他就在那儿低头上网。人力资源部的同事给了他一些企业的资料，内刊杂志，一些简单的制度介绍资料，他也就翻翻。

大部分实习的孩子都这样，不知道自己能做啥，也没机会展示。性格内向一些的，连话都不敢主动说，就是等着，等领导安排，等人来教。

当天，我要去开项目会，原本打算下午开完会回来和他聊聊，结果会议开得有点儿久，临近下班我才赶回公司。他看到我回来，就走过来怯生生地问我，有没有什么工作是他可以做的。

我觉得这小伙子还不错，至少知道主动找活儿干。我不知道他擅长什么，就随口问了一句："那你今天都做了些什么呢？"

他递给我一个笔记本。他把桌面上的资料全看完了，还记了笔记。他为员工手册提炼了10条基本要点，为杂志列了一个内容大纲，顺便找出5个错别字。他还看了一下官网，把公司的新闻动态以及发展历程都看完了,画了一张简单的发展路径图。

这个举动让我有些吃惊。这孩子是一个有心人,能把握住细节,能坐得住,最难得的是总结能力比较强,看起来的确很靠谱。我问他为什么要这么做。

他回答,员工手册上的内容太多了,他怕记不住,就把针对新人的一些要求,以及行政制度、报销要求等内容总结了一下,因为他觉得这部分内容在现阶段和他关系最近。

把杂志看完,列出框架结构,这样就可以试着分析一下每个栏目的定位以及杂志的总体定位,还可以把问题总结起来问我,问到就是学到了。他大概了解了一下目前我带的部门,他觉得自己作为一个新人,可能最容易接触的就是关于杂志的工作。

把官网上的新闻动态和发展历程看完,可以了解企业过去都做过什么,明白自己在一个什么样的平台。

这个小伙子的回答和分析让我对他刮目相看。于是我说:"本期杂志的内容你可能一时不太好参与,因为本期杂志已经进入尾声了。接下来我们要走内容的审批流程,这个工作你可以尝试做一下,一会儿我让小王教你。"

我们的杂志因为是内刊,所以审批流程很简单,主要是找集团的3位老总签字确认,最后发给董事长看一下,如果内容没有大修改,就可以直接印刷了。

这个活儿很简单,我觉得小王用两三句话就能教会他,所以我没多想,赶紧忙着安排下午会上决定的事儿。等我忙得差不多了,已经接近晚上8点了。我正打算收拾东西下班,才发现这个孩子还在工位上。

我走过去问他怎么还没下班。他带着一脸不好意思,又有点儿小兴奋地说:"好不容易有了工作任务,我想多了解一下。可我了解之后才发现,我们每次审批的周期通常都需要一周,有时候如果遇到老板出差,很可能要两周的时间。为了预留出审批的时间,我们之前都要压缩制作周期。于是我就在想,可不可以快速解决这个问题呢?

"每次我们只打印一份清样,让这一份内容在3位老总手中流转,一旦某个老总拖延,就会拉长审批周期。如果一次打印3份清样,3位老总就可以同时审稿,这样可以大大缩短审批的时间。"

那一瞬间,我觉得这个孩子比我强多了。这种思考方式,我工作了7年才摸索着学会。最主要的是,他对工作的这份热情,我很喜欢。

我决定好好带这个孩子,于是我开诚布公地说:"可是审批是有层级安排的,是从低到高依次审批的。换句话说,如果低级别的领导没有签字,那么高级别的领导是不可能签字的,因为在公司里,所有的签字都需要负责任。"

他意识到自己设计的流程里的漏洞,不免有些丧气。

我看着他桌子上的草图,电脑上他设计的流程图,敲敲屏幕,提示他说:"如果有一个人可以把3份清样给这3位领导送去,3天后拿着审批表,依次去找领导签字的话,那么我们的审批时间就从原来的7~10天,一下子节省为4天。但前提条件是,你送去的清样领导们要及时看,审批表要在一天之内完成流转。你想想这需要什么。"

"需要提前和3位领导沟通,确定截止时间及领导们的会议日程安排。"小伙子果然一点就通。

"你说的会议日程安排,行政部负责给领导们安排会议,信息最全。接下来你要不要试试看呢?"

小伙子如期完成了任务，开心得不得了。

后来他还是会加班，经常提出一些好玩的点子。我尽可能支持他去贯彻实施。

实习期满了，他来和我告别，说了很多感谢的话，送了我一条香烟和一包茶叶。我没想过收礼，只是告诉他，不是我给了他机会，是他自己赢得了机会。推脱再三，最后我以"不抽烟"为理由，只留下了茶叶。那是一包大红袍，色泽鲜艳，口感醇厚。

据说他毕业后创业了，有人说他接了他爸爸的班，也有人说他自己单干。不论真实情况是什么样的，他未来的发展都不会太差。我至今都记得他加班时兴奋的表情，就像一个孩子发现了新玩具一样。

如今我还是不赞成年轻人无谓的加班，但我支持有目的的加班。有人说职场其实就是打怪升级，你投入多少，就收获多少，你想比别人收获更多，就得投入更多。我却觉得，热情是最好的老师，你只要在工作中发现乐趣，就会废寝忘食。

跳槽是斜上角45度的提升

"跳槽"这个词在职场上很常见。从某种意义上说,这个词带着一点儿光荣。为什么这么说呢?因为你可以选择走,也可以选择不走,主动权在你手里。从某个层面来说,跳槽和裸辞好像是一对反义词。

川叔对"跳槽"这个词的理解是,斜上角45度的提升。

或许有人会说:"谁告诉你跳槽一定是提升啊?也许还有平移,或者跳得一家不如一家的情况。"

一家不如一家?呵呵,那你不是跳槽,是跳井啊!

平移?是因为同事挤对、上司排挤,还是姥姥不疼、舅舅不爱最后才走的?你那不是跳槽,是落荒而逃。

我年轻的时候,对数字没有什么概念,总觉得工资这东西差不多就行了。所以我对跳槽没啥概念,干得开心就干,不开心就走。至于工资是2800元,还是2500元,无所谓,不是还有老板画大饼的提成吗？不是还有未来吗？

不论是从2500元到2800元，还是从2800元到2500元，这都不是跳槽，这叫换工作。

每个男人都有一个成熟的过程，每一个职场人所谓的职场规划也有一个渐进的过程。30岁前我根本没有规划，而且我特别讨厌"规划"这两个字。

记得大学毕业的时候，专门有老师给我们做就业规划辅导。我当时非常"愤青"地说："老师，你不知道计划赶不上变化吗？"现在想想，今天我写的这些文章和当年老师们做的事儿如出一辙。

我不爱所谓的计划。对于20多岁的我来说，谁和我聊所谓的职场规划，我都会说："我计划3年变成高富帅，迎娶白富美，担任CEO（首席执行官），你觉得可能吗？"

我在文章里写过这么一句话："穷人没资格谈理想和未来，活下来才是首要的，但是没目标地活着，会很迷茫。"尤其在大城市，只身漂泊，你会感到孤独和恐慌，觉得自己在浪费时间和生命。在这个不属于自己的城市里，每个月拿着微薄的收入，去掉房租、水电费、煤气费、饭钱、交通费、通信费，最后所剩无几。如果你每个月的存款只有几百元，坦白地说，多大的理想都会显得虚无缥缈。

毕业后一定会有一段迷茫期，这段迷茫期可长可短。我的迷茫期算是长的，6年。6年里，我基本每一年或者每半年就会换工作。我怕穷，怕死在这座城市，所以总是接兼职。6年里我转了3次行，每转行一次我就迷茫一次，因为我不知道我能干啥，会干啥。

有句古话说"人穷志短"，我想这话大概是没错的。当年因为学的专业学费特别高，恰逢家里遭遇了一些变故，所以老家农村的父母几乎是举债供我读完的大学。我背负着10万元的债，毕业后身无分文，居无定所，心理压力有多大可想而知。后来阴差阳错，我因为一份兼职，一下子挣了不少外快，还清了外债。没了压力，我的人生一下子没了方向。如果说刚毕业时拼命努力，是为了帮家里还债，那么还完债后就没必要再继续努力了。人怎么样都是活着，干吗那么辛苦呢？

或许对比现在的我，过去的我看起来有点儿励志，但在当时,我根本没什么励志的想法。唯一的想法就是,这座城市那么多人,他们和我一样默默无闻,我一辈子也不会有多大的成就、多远的理想。既然怎么做结果都一样,那又何必那么辛苦呢?就混呗。因此,之后的工作我几乎是在凭爱好,拼热情。我考虑的不是哪个行业如何,自己适合不适合,而是因为我喜欢,所以才去做。

我的成熟源于人生里的第一份"高工资"——广告公司的入门工资,月薪5000元。

如果让我给职场规划找一个理由和启动点的话,那么我很坦白地告诉你,我怕失去。是的,因为我害怕失去,所以我一直拼命向前跑。听上去是不是有点儿懦弱,或者比你想象的更蠢?

我没办法预言别人的人生里会不会也有一个这样的点。成熟这个东西,因人而异。

第一份比预想中多一倍的工资,我拿得无比谦卑。因为我内心里觉得我配不上它。

"配不上"是一种略带愧疚的心理活动。你觉得你配不上老板给你一个月5000元的工资,所以你会卖力地工作,加班特别来劲。但是这份配不上的背后,是极度的不自信。内心脆弱如纸、诚惶诚恐、压力巨大,这样的状态会驱使你拼命提升自己的能力,希望早日能和别人站在一个水平线上。这时,哪怕别人一句不经意的"真不专业",都会让你内心崩溃。

关于我的第一份"高薪"工作,前文写过,这里不再赘述。我觉得自己能忍耐下来,最大的理由在于我害怕失去。

当你再也不用为兼职奔忙就可以安稳生活的时候,你的内心才会滋生些许不满足。你会渴望加薪,渴望被肯定、被人关注,而这些渴望的前提是你不能丢了这份工作。对于当时刚转入广告圈的我来说,我无法想象,如果离开这家公司我会去做什么,或者我能做什么。我还可以拿这样的工资吗?我一点儿自信都没有。

这份诚惶诚恐让我第一次萌生了"我要保住自己的位置"的想法,第一次想要留在一个公司。正是因为有了这一想法,日后我被人欺负、奚落、嘲讽,面对客户的刁难、同事的不配合、领导的鄙视,都能够容忍下来。没关系,不懂,我可以学。正是因为有了这一想法,后来才有了我人生里的第一次项目谈判,第一次独立接单,第一次项目成交。即便上司抢了所有的功劳,我也有一种"原来我也可以做到"的欣喜。世界上最大的激励莫过于当你努力后发现,原本看起来很难的事情,你也可以做到。

如果说,现在你通过文字看到川叔充满了自信,那么这份自信就是在5年前的那个表彰大会上建立起来的。在那次表彰大会上,我的上司风光无限地接受老板的赞赏,并站起来发言。虽然我的功劳被上司领取了,但我并没有觉得沮丧,反而在心里默默为自己鼓掌。那掌声告诉我:你看,你能行!

这句有点儿撒狗血的标语在接下来公司一系列的人事变动、金融危机大裁员、部门合并中成了支撑我一次次坚持下去的动力。

有了动力,你离开窍就不远了。对我来说,第一次开窍来得有点儿突然。部门负责人要跳槽,问我要不要和他一起走。我人生第一次学会在恰当的时间点提出涨工资。我第一次去思考:跟着老大一起走,我能得到什么?钱还是职位?还是两者都要有我才走?我加多少钱合适?加得太多,他会选择别人吗?

到了新公司,人事纷争几乎一年一个样,我来了两年,换了三任领导。在这段时间,我成熟了很多。

刚进公司的时候,我给自己定了一个目标:我要在这家公司坚持干满3年。为什么要这么定?这与我进入这家公司前的一次面试经历有关。

在广告公司工作后期,我尝试投了一些简历,获得了唯一的面试机会。那是一家教育培训机构,我应聘的工作和我当时负责的内容差不多,也是做一本企业刊物。我觉得以我的专业水平完全可以胜任这份工作,所以自信满满地去了。面试的HR完全被我的气场压制住了,于是请出了人力资源总监。

那个总监几乎是以挑毛病的口吻说:"你的简历最大的问题就是,你在每个行业待的时间都很短,看起来好像懂得很多,其实样样通、样样松。不过我还是很看好你的专业能力。如果你来这里,我可以考虑给你月薪2500元,之后每个月会有五六百元的浮动奖金。"

我没等她话音落地就站起来说:"我觉得我们没必要谈下

去了,因为我们的对话不在一个层面上。"之后,我又毫不客气地说:"对不起,您可以把我的杂志还给我吗?"

这种显摆的行为,绝对可以算得上一例典型的面试的反面教材。当年那个玻璃心的小男孩根本无法接受这样的打击。

我虽然当时很冲动,但是在回去的路上一直在反思:为什么她会给出这样的评价?是我的本事不行,还是行业的问题?最后我总结出一个结论,服务业和出版业普遍都辛苦而清贫,你想拿高工资,就要去一些高大上的主流产业,否则你只能当一个入不敷出的无名小卒。

这次教训使我认清了自己,明确了方向。我要留在房地产这个当时比较有前景的行业,并且在这一行攒够3年的工作经验。我必须在3年内争取接近核心业务,争取接近核心管理层,否则我依旧是一个编外人员。

跳槽前,你要明确自己的目的。换一个平台也好,换一个行业也好,是为了什么?如果是为了钱,那你现在有什么?有技术,有经验,还是有资源?如果是为了职位,那你觉得你现在可以到什么样的位置?主管,经理,还是总监?如果是为了学习，那你现在最希望做的是什么？为了这个目的，你可以接受的工资底线是多少？

跳槽一定是先有想法，之后再有行动。

为了赚大钱。你需要早早掌握一些核心的东西、值钱的内容，不然下一家凭什么请你？人家花高薪请你，不就是看中你手上那么点儿核心的东西和值钱的内容吗？

为了职位。或许你觉得自己能力已经足够，但是你待的这家公司升迁困难，所以你想跳槽。你换到下一家公司，不光要带去资源，还需要有自己的想法，能组建起一个部门，具有领导能力，这些是必需的。此外，你还要有眼界及关于未来发展的规划，一个小头目和一个大头目看待未来的眼光是不一样的。

如果你是为了去学习，或者你换了一个行业，可能要从头开始。你一定要调整心态，从低姿态做起，而且要给自己一个期限，想好你能坚持多久，你这样吃苦是为了什么。这样你才能够忍下来。

我从进这家公司起就明确了自己的目标。3年的工作经验对我很重要。更重要的是，我要每年都有所提高，有所成长。我要和直属领导达成一致意见，这样才能了解"领导的想法"，学习用战略的眼光看问题，做好战略规划。我如果不给自己设定一个目标，就一定会在这个位置上混吃混喝，最后被淘汰。

4年后，我觉得自己达成了目标，事业也到了一个瓶颈期，无论是个人的升迁，还是平台的前景，都有了局限，所以我准备离开。离开后去哪里？我自己有一些相对明确的判断。这些判断都是通过一轮一轮的面试得出来的经验：谁靠谱？谁是大忽悠？这家的企业文化如何？总经理会给你开多少钱？

我需要一个什么样的企业背景？这对我未来的职业发展会有什么驱动力？我需要提出什么样的职业需求？我希望在哪方面加强？新的平台可以为我提供这些吗？这些需要你未来靠行动去验证，但是如果出发前不确定方向，那么不管你走多远、有多累，都徒劳无功。发挥长处，补充短板，你只有几年的时间去做这件事，而每一次的职场转换，代表的都是立场、职位、眼界的大洗礼。

早年的时候，我听到别人说跳槽找猎头，会觉得不可思议。我当时还傻乎乎地问："怎样才能找到猎头？"有人一边笑一边说:"等你到了一定的位置,猎头就会自动找你了。"第一次接到猎头打来的电话时,我欣喜若狂,感觉和中了500万元有一拼。

多和一些猎头聊聊,有助于明确你的职场定位。我在这家公司工作的前两年,职业方向一直摇摆不定。我非常想做营销,但一直没有机会深入现场。后来,一位猎头对我说:"现在营销人才多如牛毛,你又何必加入里面呢?"我这才恍然大悟。

在这个公司工作的第二年,有一些猎头找上我,但一般都是发了简历就没有消息了。那时候我还没有意识到自己的简历有问题。第三年的时候,一位猎头向我提出,可不可以针对招聘的职位修改一下简历,重点更突出一些?我这才意识到简历的重要性。我当前用的这一版简历几乎是在猎头一点一点的提议下逐渐修改而成的。我在一轮一轮的面试里,逐渐明确了自己的价值。

跳槽,你要做的基本工作就是明确自己的目的,知道自己的身价。有了这两点,你即使没有辞职,也会在和领导提出加薪申请的时候有一个参考。

我从2013年9月有了跳槽的计划。从一开始非常生涩地在小公司试水，再到后来走大企业的面试流程，直到我基本上掌握了面试规律，才有了这些面试心得。

跳槽只是一个念头，要把它付诸行动，需要做很多准备工作。这里面包括你的自我梳理和评价，你对未来的规划，你的简历、面试经验、人脉资源、消息来源等。这些都到位了，跳槽才会成为一个可以落地的实际行动。

我不赞成裸辞的最大理由是，如果你赋闲在家，工资待遇就会被HR卡得死死的，如果你是上班的状态，他们会比你还着急。春节前是一个面试的高峰期，我面试时提出的要求是年薪翻倍。我这样提要求是基于当时几轮面试的行情，而且我已经有了一个保底的offer（入职通知书）。

当你知道了自己的身价，你就不会理会人力资源总监的那些所谓的岗位上限、绩效工资、年底奖金之类的"画饼"。你的能力与岗位的匹配，会让你信心大增。

领导的职责之一是第一时间洞察下属的状态——是否有离职的苗头，能补救的赶快补救，补救不了的，立刻找人代替。我准备提出辞职前，直属领导已经预感到了，她在我还没开口前先找我谈。因为临近年关事情非常多，我当时负责了三个大项目，任何一个项目完不成，都能让领导吃不了兜着走。

因此，领导找我谈话时开篇就很明确，年底会调整工资，问我对明年工资的期望。我俩心知肚明地进行了一番表面风平浪静，暗地里却针锋相对的谈话。她希望我先给一个价，我希望可以和市场齐平，这番谈话与面试时谈工资差不多。为了让她知道我对市场的把握，我告诉她去年我负责一个项目的市场价格，然后笑着说："今年我负责三个大项目，而且已经负责了一年，成效您已经看到了。我相信您会给我一个合理的答案。"最后，她给出的价格刚好符合我的心理底线，这件事就暂时落下帷幕。

你要明白，跳槽只是一个状态，不见得你选择的下一家公司一定比这家好，而且你还要适应新的环境、新的团队、新的企业文化。因此，跳槽的成本非常高，这也是许多人跳槽时都希望工资翻倍或者至少上涨30%的原因。因为这是你去适应新环境，以及有可能在90天的试用期内被开除的补偿。

所有的开始都意味着冒险，所有的重新出发都取决于你的勇气。走，没人怪你；如果选择留下来，你也要明白现在的你在市场上所处的段位。然后，对照市场标准想一想，你的哪些能力还没有到位。我觉得这才是整天吵着要跳槽的人需要好好考虑的。

你一旦确定了方向，有了大概的意向，就要提前做好工作的收尾。好聚好散是考验人品的，上一家公司的上级以及HR对你的评价和印象，是你入职下一家公司前后，下家公司对你进行背景调查的重要来源。大家只是一起共事，没必要离职时成了仇人。如果你在上一家公司做不好收尾，下一家公司就会提防你重来一遍。

我一直觉得跳槽是内心的一种原动力。它代表你的追求和目标，而不是你口头上的标语和说走就走的理由。每一次跳槽都应该是斜向上的爬坡成长，年纪越大越应该谨慎。

工资虽然不是衡量你的价值的唯一指标，但它可以代表平台衡量你的一个基准线。你觉得工资太少或者涨幅不大，最好反思一下，你的能力是不是还没有达到下一个基准线。接下来你要好好规划一下，是要提高专业能力，还是要增强领导能力或者培养战略眼光。

有人觉得跳槽越少越好，有人觉得跳槽越多成熟越快。

我觉得跳槽的多和少，和你内心的成熟度有关。你的目的越明确，想要的东西越容易得到；你越迷糊，越容易在工作和生活中产生烦恼。如何做到自己既能成长，又能得到大家的祝福，挥挥衣袖带走的都是赞美，这才是值得思考的问题。

理想撞进现实，三观碎了一地

我曾经被大学同学认为特别寡情，只是因为毕业后我很少参加同学聚会。聚会这种东西多可怕啊！前5分钟一定是相互问好，10分钟后是忆当年，吃吃喝喝之后就开始说近况，尤其是男生喝完酒后，不是比着吹牛，就是负面情绪大开，狂骂现在的上司。

好在我大学学的是设计，是小班教学，一个班最多20个人。我们班当时一共13个人，其中10个都是女生。很多女生毕业后不是随夫奔波，就是失联很久。

我们那一届的艺术生，算上不同专业的，一共100人上下。有时候不同专业的同学上文化课会遇到，有些人算是点头之交，还有一些在社团活动中有过来往。毕业后大家从事的行业不同，再加上我毕业后不久又转行了，所以几乎没有联系。

学艺术的人本来性格就比较奇怪，应酬和人情世故方面的能力稍差一些，我自己又很晚熟，毕业很久还带有一种活在自己世界里的文艺气息。我来北京后，工作稳定了，才和一位好友取得了联系。这位大姐非常热心，时不时就在家里办酒局，招呼那些同届但不同专业的朋友吃吃喝喝。和不太熟的人在一种貌似很热络的气氛里吃饭非常别扭。有些人做的是同一类工作，所以在酒桌上难免称兄道弟，拉拉关系，希望以后有好的设计工作彼此照应一下。这让已经转行的我很尴尬。

后来，我就不参加这样的酒局了。我和好友说明了情况，她甩给我一句："你啊，就是矫情，不知道这叫多'条'朋友多条路吗？"我笑嘻嘻地说："朋友是不能用'条'来形容的，汪汪叫的那种才用'条'来形容。"

我很怕今日大家一起吃肉，他日为财抢得头破血流。自古同行是冤家，同学也很难例外。

拜这位大姐没事儿总打电话和我汇报其他人的近况所赐，我大概知道谁和谁开公司赔了钱，谁参加谁的婚礼非常小气，随份子随了200元。这些鸡毛蒜皮的小事成了她给我打电话时不咸不淡的谈资。

毕业3年后，我参加的第一次同学聚会就是她的婚礼。她的好人缘换来的是看着满当当的一屋子人。之前我在她家吃饭时见过她老公，很斯文的一个人。他的同事都无比疯狂，各种口哨尖叫喝彩地出难题，基本上三俗游戏玩了个遍。

我被她很贴心地安排到了"同学桌"，大部分人我都见过，也有印象。每个人的开场客套方式都是"最近怎么样啊"。

新郎、新娘在玩游戏的时候，我们这一桌已经有人在偷偷交流这次要给多少份子钱的事了。新郎、新娘敬酒后，一桌人就没话讲了。我们很多人都是她的朋友，但是不代表我们这些人之间一定是朋友。有的人端起酒杯敬酒，带着社会上常有的那种客套、生疏的社交辞令，希望借由酒精的催化能让气氛热络点儿。女生开始聚在一起聊天，聊找没找男朋友，是不是打算结婚、买房子。几个比较熟一点儿的男生凑在一起聊目前工资多少，未来有何打算。他们偶尔为了照顾我，也会问问我现在干什么工作，每个月开多少工资。当我回答完现在做图书出版，一个月开的工资不到3000元后，基本就没有下文了。

我觉得我有些坐不住了，希望这个聚会越早散场越好。喜宴的汤汤水水，似乎被这气氛感染了一样，冷得特别快。我想赶快回家，吃上一碗热腾腾的鸡蛋面。

渐渐地，人们讨论的声音大了起来：几个喝多了酒的男同学说话不着边际，言语中都是上百万的项目开始运作的节奏；旁边几个聚在一起说悄悄话的女同学，不知道为什么笑点忽然降低了，好像每一句都是一个笑话一样，频频爆发出高频率的笑声。

有一位同学站起来敬酒，并喊我的名字，让我也敬别人一杯酒。他喷着酒气说："你一定要和他干一个，他可是目前我们这里面第一个买房子、工资最多、最有出息的人。来来来，你们走一个。"

我把酒杯端起又放下，因为我实在找不到什么词去恭喜和祝贺。他赚多少钱，那是他的本事，这和我有什么关系呢？我自己赚钱养活自己，没觉得自己没出息啊。我找不到和他碰杯的理由。

最后我还是端起酒杯说了一句："恭喜恭喜啊！"这话说得好像今天结婚的是他一样。那杯酒喝完，我就借口抽身，几乎是落荒而逃。

我把好友叫到门口，塞给她600元，告诉她这是我今天的贺礼。我说："刚刚看几个同学都在询问应该随多少份子钱，我实在不好意思太高调，所以现在单独给你。我还记得当年你说谁很小气，不论多好的朋友都只随200元份子钱。我当时和你说，以后你结婚，我一定随600元，而且进门就大声喊，让大家都听到，用金钱证明咱俩是好朋友。这事儿我今天可是办完了。"

好友迷迷糊糊地看着我说："有这事儿？我怎么不记得了？"我懒得再和她争辩，把钱塞到她手里，就打车走了。

那天的聚会对我来说是毁灭性的打击。我原本以为，很多人或许会和我一样，还在理想和现实之间徘徊，没承想看到的都是活生生的现实。大学时期的那些灵感和想法，最后都泯灭在酒桌的推杯换盏中了。

我们就像还没准备好长大的孩子，在被急速推入这个成人世界后，不得不以最快的速度去模仿成人世界的礼仪方式，用这些伪装自己还没有成熟的部分。我们陷入这个快速运转的世界，被它独有的标准衡量。之后，我们原来的世界观坍塌了，似乎不抓点儿什么当作自己的附属标签，就不足以证明自己成功。

房子和高薪，这些你原本以为离自己很远的事情，忽然变成了衡量你的尺子。这种比较，就像小时候自己的父母和别人的父母在比较谁的孩子更优秀一样，就像家长总爱提到那个学习好、工作优的"别人家的孩子"一样。为什么老拿我去和别人比呢？我又不是他，有什么好比的呢？

我第一次开始直面自己的处境，第一次问自己：这样的日子你还希望过多久？

我尽管不乐于承认，但清楚地意识到：我们都变了，我们都在长大。就像那句我自始至终都没办法说出的"用600元证明我们的关系最好"一样。在我还在做"自己喜欢的事儿"的时候，很多人已经开始尝试去做"别人喜欢的自己"。和他们比起来，我几乎活得又自我又任性。

这件事后来成为我定下人生信条"30岁之前努力尝试，30岁之后慢慢靠谱"的理由。正是因为这件事，后来我处于人生分水岭的时候，才能更理智客观地思考，最终放弃编辑工作，离开出版圈，进入地产领域。虽然面对现实是一件很残忍的事，但勇于直面现实是长大的开始。

很多人喜欢参加毕业后的聚会，似乎那是和同学唯一的联系和纽带。这些人对它的依赖就好像断奶后咬在嘴里的那个奶嘴，只不过是一个习惯。当然，或许也有像我这种，毕业两三年后，在毕业聚会上饱受刺激的人。明明是在同一个起点出发，却因为能力与际遇的问题有了云泥之别。这种强烈的对比使一些内心不乐意长大的人难以接受。尤其是看到那些资质不如你的人，提前找到了自己的定位而获得了成功，你内心的酸楚和嫉妒着实折磨人。那种愤愤不平，多数都是因为自己做不到。

毕业后的聚会，原本是老同学的重逢，却很容易在客套和攀比之间走了样。我觉得真正的好友不会等到毕业聚会那天才见面。很多时候为了照顾所谓的全班聚会的形式，一定会把那些半生不熟或者压根儿看不顺眼的人凑在一起，这样客套和攀比就在所难免。

人生没有可比性，这个道理我们都懂得。有的人在20岁就买房买车，有的人却要到40岁才交得起首付，入住新家。得到不过是一个早晚的问题，那些你年少时认为很了不起的东西，随着时间的推移最终你也会得到，而得到后的空虚才是最无趣的。

我们在人生的某个阶段会疯狂追求物质，尤其是在我们还没有得到的时候。那时候同学就像你身边的镜子，他们映射出来的或许是许许多多的你：也许你当年坚持留在这里就会像今天这样；也许你当年早一点儿跟着他一起干，今天也会和他一样……这许许多多的假想和可能或许会打乱人生的步调，还会带给你一场内心的风暴。当这些超过了某个时间界限，或者你人生的阅历到了某个层面的时候，你会发现，其实你原本追求的东西并没有什么了不起，你不过是选择了在某个阶段加速、某个阶段放缓罢了。

生活是最好的调节师。或许你一直都处于慢悠悠的状态，到了某个阶段，它一定会逼着你急速成长；或许你一直在拼命争取，到了某个阶段，它一定会警示你放慢脚步。这是生活的妙处。

毕业10年后，和班上的4位同学聚在一起吃饭的时候，我才发现：过了10年，大家得到和失去的都差不多。你会第一次产生一种看淡身份、收入，甚至许多外在符号的感觉。老同学今天还能坐在一起吃饭聊天，这才是最难得的。

30岁那年,我的梦想是年薪10万元

"如果哪家公司能给我年薪10万元,我就可以在那里工作到死。"我说这句话的时候,还是一个广告公司的小职员,月薪5000元。在我过去的工作履历里,这个薪资比之前任何一家公司开的薪资都高,甚至它在我的人生里具有划时代的意义。

2008年,那一年我29周岁,虚岁30岁。我不知道有多少男生在意"30岁",至少我在没有到30岁之前,一直非常在意。我总觉得,对一个男人来说,那是一个门槛。

古语说"三十而立",这让很多男生都把30岁当作一个蜕变的分界线,仿佛到了那个岁数自己就真的进化了一样。因此,我在30岁前一直都很纠结周岁和虚岁这个问题。我努力地去认定自己的周岁年纪,似乎这样就小了1岁,可以让中年危机来得晚一点儿。

2008年,那一年物价和房价还没有飞涨,我到手的工资

只有4300元,和一帮朋友去吃饭的时候偶尔还会冒出一些小自卑。我认识的朋友有做销售的,买了好几套房子;有上市公司的财务总监,金领阶层光芒万丈;有中国500强企业的经理;有知名服装品牌公司的中高层。我那时候话不多,因为怕自己说错话,蜷缩在一个不起眼的角落,听他们扯淡聊天,陪他们吃饭喝茶。

小伍和小天这两位朋友都是我在那时候认识的。我认识他们最直接的理由大概是他们不做作,很少提自己的存款和房子,也不炫富,他们全身上下都没有闪瞎眼的大LOGO牌子。随和的人会让我放松一些。当然,这些因为爬山而认识的户外驴友里有类似我这样的穷人,工资不多;也有北京人,混的都是国企单位,只是图个清静。

一个人到底要有多少自信,才可以一直给自己加油打气,让自己走很远呢?一个人到底要有多少勇气,毕业后才可以在陌生的城市,面对茫茫的未知前景,蒙着眼摸索前行,而且一走就是5年?你拿什么对向前走的自己说"你可以,你一定行"?

我没有那么多的勇气和能量。

2008年，我已经毕业整5年。对别人来说，5年是一个成熟的过程，对我来说，这5年却是一个一直迷茫纠结的过程。我找不到自己的位置，不知道自己能做些什么，什么才是我所擅长的。在这座城市，我看不到希望和未来。我甚至一度很怕，怕再过一个5年，我依旧还是一个月薪5000元的穷光蛋。

人生最纠结的事情是你明明不希望平凡，却不知道未来应该怎么办。这种迷茫，就好像在看不见前方的浓雾里穿行，磕磕绊绊，你想一直向前走，却又怀疑自己一直在原地打转。

我说出本篇开头的那句话，是因为不知道谁起了一个话题：你的梦想是什么？

有人说自己的梦想是买块地，过着美好的田园生活。有人说自己的梦想是可以辞职去周游世界。我说："我的梦想是，哪家公司能给我年薪10万元，我就可以在那里工作到死。"

我听到有的人笑了起来。我知道那笑声背后的意义，就好像一个富人在说远景、志向的时候，忽然听到一个穷人说，他最大的理想是可以吃上一碗白米饭。我知道，在他们看来，或许这都算不上一个梦想。

我不知道今天的你如何看待年薪10万元，随着通货膨胀和见识的增多，很多人对数字越来越不敏感。我来北京后的前两年，买一件500元的棉服都要纠结半天，而现在好一点儿、厚一点儿的衣服不会低于七八百元。毕业生投递简历，期望的薪资待遇从过去的不足2000元变成了2500元、3000元、4000元，如今应届毕业生已经开价5000元或者6000元了。

有时候我不知道到底是人越来越值钱，还是钱越来越不值钱。年薪10万元在我当年的概念里是月薪8000多元。8000多元的工资等同于当时公司里的高级经理或者副总监的工资。我当时想，那个职位也许是我要努力拼搏很久才有机会触碰到的。

2009年，金融危机导致公司效益下滑，好几个大客户都压缩了广告运营预算，很多小客户直接取消了广告业务，作为服务商的我们直接面临公司裁员的问题。我很幸运没有被裁掉，但是原来的部门已经解散，我被调去了公关部。那一年，我30周岁，一切都要重新开始。

我从来没有接触过公关行业，也不懂任何公关术语和流程。在活动现场我就像个等待指令的木偶一样，不知道自己应该干吗，任何人都可以使唤我。那时候，我找不到可以发挥自我价值的地方。部门同事把所有现场执行、看场子的活儿都交给了我。我全年没有节假日，因为很多活动都是在周六、周日等节假日和晚上进行的。我从什么都不懂，到开始懂一点点，再到最后一个人操盘，完成了一次彻底的蜕变。我从一个内向型的人逐渐变得外向。

职业要求我必须说话，而且是不停地说。一个500多人的客户答谢活动，只有两个人负责：室内工作由一个老员工负责，风吹日晒的室外工作当然由我这个新人负责。我做得最多的事情就是不停地接打电话：桌椅到位了没有？餐饮到位了没有？供应商的服务人员到位了没有？礼仪模特到位了没有？饮料、水果到位了没有？乐队演奏到位了没有？

桌椅到位，要立刻安排摆放位置；餐饮到位，要交代冷餐发放的时间和每一组的顺序，发放节奏很关键，不能错乱；礼仪模特，要进行基本的流程培训，谁拿证书，谁拿红酒，必须交代清楚；乐队就位，要开始进行音响调试。现场的每一个环节和流程都需要我对接。这期间最要命的是，你要随时恭候客户新的调整指令，不管对方的职位大小，你都要应变自如。

每个客户无论是否专业，都想发表点儿意见，比如鲜榨果汁不够甜，冷餐造型不美观，桌布配色不好看，为什么没有桌花等。这些五花八门的意见让我感到很崩溃。另外，我还要随时照顾客户的情绪，消除他们的疑虑。

那一年多的时间里，我的手机一直保持24小时开机。每次接电话，无论遇到任何情况，我都可以用一声足够元气、阳光的问候开始和对方进行沟通。

我30周岁的生日是在忙碌的活动现场度过的。那一天几乎状况频出：先是在室外举办小型音乐会时，附近的居民带着孩子来蹭吃蹭喝；之后，一个熊孩子非要钻过警戒带去喷泉池玩耍，结果掉进水池里，熊孩子的家长就冲出来不依不饶地索要赔偿；好不容易处理好了室外突发状况，在室内举办的青花瓷赏鉴活动又状况频出，两个家长因为孩子互相争抢白瓷坯而发生了口角，其中一个家长差点儿撞坏珍贵的展品。

晚上10点30分，活动结束，彻底收工后，我打车回家，看了看手机，才发现那天是自己的生日。我在小区门口的小吃摊点了一碗青菜面，让老阿姨帮我加了一个荷包蛋。

我对自己说："你看，过了今天你就30周岁了。这些年你忙忙叨叨的，到底为了什么呢？

"每次面对外界的冲突时,你都把头埋得低低的,逆来顺受。你总觉得人生看不到希望,像溺水一般拼命挣扎,然后……到了今天,这就是你想要的结果吗?

"你并不知道未来的路还要走多远,你从来不敢奢望自己这辈子可以赚多少钱。人生如此,你这么拼,有什么意义呢?你一直都希望可以做自己,可你真的知道自己想要什么吗?你每走一步都身不由己,小心翼翼,无比害怕,你怕自己会被汹涌的洪流冲走。可是你看,事实证明你到哪儿都能扎根活下来。

"毕业后的6年里,生活虽然从来没有给予过你任何机会,但是教会你一套活下去的本事。它让你在困境面前变得极度谦卑,让你明白生活的辛苦、不如意,以及任何时候都不要忘记付出。

"或许你可能注定就是一棵杂草,在这个高楼林立的大城市里永远没有出头的那一天。

"年薪10万元对你来说也许只是一个梦想。带着这个梦想活下去,说不定会有心愿达成的一天呢。

"30岁,是人生的一个分水岭,你不能再任性,不能轻言放弃。这是你的人生,你总要学着坚强,学着坦然,学着面对。"

那天,路边摊的灯光昏暗,吃饭的只有我一人。老阿姨已经在收拾东西准备收摊。我看着热腾腾的长寿面,在心里默默许下一个愿望:从今天起忘记年纪这回事,忘记生日这回事,心愿不达成就不吃这代表成长的生日面。

从那天起,我改变了很多,并开始思考人生与未来。我把被动的改变变成了积极的转变。如果生活需要我变成什么样子,我就去试试看。

我开始把工作当成乐趣,尝试着把压力一一化解。我开始在备场前尝试着放松,从咖啡师到礼仪模特,我都可以从容地跟他们打个招呼,开个小玩笑。客户开始对我感到放心,来宾能够在这里尽兴,活动能够圆满成功,这都是我最想看到的。

我没那么多时间沉浸在负面情绪里,开始懂得自我调节。我不再刻意区分自己的周岁、虚岁,统一把虚岁当作真实年龄,听人说,虚岁算上了在妈妈肚子里的那一年。那是宝贵而伟大的一年,我应该尊重它,并且认可它的存在。

34岁那一年,几个朋友聚在一起庆祝我的生日,我这才发现,不知不觉中我已经实现了当初的心愿。原来以为高高在上的10万元年薪,现在看来只是一个小小的山丘,不过如此。

你只要一直向前行走,就会看到更多更美的风景。所有的弯路和目标都有存在的意义,没有过去的那些坎坷,就不会有今天的心态与能力。

向前走,哪怕你看不见光亮,哪怕你不知道方向,只要你不停下脚步,总会走到曙光来临、光芒万丈的前方。

03
CHAPTER

厉害的人,都能成事

那些你恨得牙根痒痒,却不得不面对的上级

川叔的人生信条里,只有因为职业发展而辞职,没有因为被挤对而辞职的。你在这里解决不了的问题,到下一家单位就不会遇到了吗?如果你连这么点儿小事都解决不了,以后遇到更麻烦的事儿照样解决不了,除非你乐意一直重复以前的生活,而不是向上发展。

我曾在博客里写过这样的话:"都说飞得越高,摔得越惨,我想看看我到底会摔得有多惨。落地了,只要没死,就爬起来,每走一步都是向上!"

有些人,不论你怎么避开,都会出现在你的生活里。就像上学时一定会有一个难忘的同学一样,在职场中,你总会遇到那么一个让你恨得牙根痒痒却又不得不面对的上级。他们或许严厉,或许显摆,总之,他们跟你不对路。

他们偏偏还是你的直属领导,你不论如何看他们不顺眼,

都不得不面对他们，因为你的绩效、奖金都攥在他们手里。

我的直属领导是副总经理。本来我是另一位副总的手下，后来因为调任的总经理初来乍到，没人可用，我就被抽调到总经理手下，为她打杂、跑腿。再后来，总经理与副总经理互相争斗，我就成为被牺牲的炮灰。原总经理调回总部，留下我面对新到任的男老总和一直对我怀恨在心的女副总。更要命的是，我原本的直属领导突然去留学了，我自动被收编成了女副总的手下。

销售总监辞职后，总经理调来自己的老部下，副总也趁机招兵买马，扩大队伍。呼啦一下，我们公司来了四五个人，加上原来的人员，分公司一下子人丁兴旺了起来。

副总一直对我抱有成见，她对我使出的第一招是孤立。

中午快要吃饭的时候，副总走出办公室，喜笑颜开地说："走吧！大家一起去吃午饭吧！"之后开始叫小张、小李、小王、小刘……

新人旧人加在一起一共9个人，8个人都被点名了，就不点我。你能明白那种宛如被打脸的感受吗？我当时的心情可谓韭菜花加上酱豆腐——五味杂陈。

那些一直看不惯我的同事，带着一种轻蔑、嘲讽的表情从我面前飘过。每个人的背影仿佛都写着"你活该"。

当时我强装镇定，内心在滴血。

副总对我使出的第二招是夺权。

前任总经理带我跑项目时，我一个人忙得人仰马翻。那时候缺人手，没办法让别人分担我的工作。现在招募了这么多人，副总首先做的就是分流我的工作。她名义上说："不想你那么辛苦嘛！"

职场上有一条不成文的规定：你负责的项目越多，得到的机会就越多；你接手的事情越多，加薪的可能就越大。川叔忙碌了一年，唯一的回报就是工资调整了3次。做项目时你会投入很多，虽然项目是老板的，但出于责任心，你希望善始善终，做出点儿成绩再功成身退。现在我负责的两个项目还没有做完，我就被告知，必须退出这两个项目……我当然一百个不情愿。可不情愿也没办法，她是我的上级，她的命令我必须服从。

那时我还很年轻，也很气盛，所以情绪控制能力很差，每天上班都像吃了火药一样，抵触得很厉害。

工作交接基本采取的是蚕食原则：可以交接的，就一部分一部分地交出去；暂时交接不了的，我就去带新人，让对方逐渐融入工作，之后代替我。

接手你工作的人遇到不懂的地方，你要告诉他怎么做，耐心讲解项目的背景、面临的难题，以及接下来要做的事情。

可能有人会说："我凭什么教他啊？"如果你这么想就是你的不对了，同事又没得罪你，何必呢？新来的同事只要稍微留意一下就能看出领导不喜欢我。我本来已经被领导孤立了，如果再这么任性，就会众叛亲离。

这件事磨炼了我的心性，也让我明白：任何时候都要居安思危，并且要沉得住气，要忍耐。这是职场里的必要守则。时至今日我依旧有危机感，和那时候的遭遇不无关系。

副总对我使出的最后一招叫作"黑你"。

那段时间我调整了心态。因为我发现，不论我觉得如何委屈，都只能接受现实，于是就活得洒脱起来。

有时候副总和我一起开会回来，搭我们集团领导的车。只要有大领导在，副总就会聊个没完，中间总能提到我。她不是讨论我的丰功伟绩，而是把我出纰漏的地方当作笑料逗大领导开心。我只好讪讪地笑。偶尔她会把话头递给我，但是她前半句都是说某某项目负责人人品如何如何不好，然后甩给我一句："他那个人的人品啊，小川，你那时候怎么形容他来着？"

面对这种再傻都能看出是圈套的话，我心情好的时候会接一句："他就是刚愎自用啊！"如果心情不好，我大概会说："他就是刚愎自用啊。这话我记得当时还是您形容的呢，我觉得真贴切！"

类似的例子不胜枚举。那时候我真心觉得好累啊。

我的转机终于来了。

我转交了一个项目的权限后，接手的人一时疏忽，导致一个印刷文件出现了错误，造成一笔小小的损失。总经理拿到文件小样时非常生气，之后他才发现我已经不负责这个项目了，这才正视我被排挤的事实。

总经理拿着有瑕疵的成品在周一的晨会上问:"为什么最终文件没让小川看一眼?"全场鸦雀无声。

从那以后,部门所有的定稿文件和方案都会发给我一份,并且要我提意见。我因此得到了在这个项目上继续学习的机会,也知道了项目的进展情况。

有一个项目因为没有负责人,所以总经理决定亲自抓。他开了3次会,发现陪会人员对此毫无兴趣,只有我时不时提一些比较有建设性的意见。就这样,我有了和总经理单独相处的机会。每次在去总部开会的路上,我时不时会提起在工作上遇到的一些问题,并且试探着说出一些内心的困惑,包括项目、副总与我的对立等。

人心都是肉长的,不管之前总经理到任的时候从副总那里听说了什么,对我有什么不好的印象,我都有机会慢慢改善他对我的印象。

守得云开见月明。对于自然界来说,也许光明是等来的,但是,对于职场来说,光明是争取来的。虽然第一印象很重要,但是改变它并没有那么难。

被人排挤或许会一时感到难堪,但是只要你沉着接招,坚持下去,就会有翻盘的一天。前提是,你是一个可以用得上的人。因为没本事的人,即使再折腾,境遇也不会有什么改善。

后来我们部门扩充了人手,更换了新的办公场所,我和副总被分在办公区的两极,有点儿彼此互不往来的意味。副总手下的新人走了几个,老人也走了几个,她的带队能力受到了质疑,所以暂时消停了一阵子。因为缺乏人手,她手上未完成的项目被分出来了。我和总经理负责一个项目的跟进,直到彻底收尾;另外一个项目的所有阶段性报告由副总发给我。多数情况下,如果我不主动要文件,她就不会发,每次都推托说"忘记了""年纪大了"。

公司成立了新部门,总经理亲自带队。我和新同事迅速地找到了相同的兴趣点,成为好朋友。行政部门也扩大了规模,进来几个新人。每天下午3点,感到疲惫的时候,我就会从抽屉里拿上一包零食去行政部门,和大家边吃边聊。时间久了,我听到很多公司内部的八卦和动向。

公司另外一个副总的职位一直空缺,听说总部希望调派一个人过来,不过被总经理驳回了。很多人都在猜测:总经理是不是想安插一个自己人，或者从公司内部晋升一个人做副总？

总经理喜欢喝茶，常常叫上新部门的同事一起喝茶。有一次，他问我下午有没有空，如果没事就过去陪他喝茶。我应允了。

一壶茶喝到第三杯时，总经理问我对副总怎么看。他抛出这么一个模棱两可的问题，一时间让我摸不着头脑。还好之前我从行政部听到了风声，于是猜想：总经理在做民意调查，顺便探探我的想法。

我开诚布公地说了副总和之前一位总经理不和的事实，因为我相信这件事他问别人也能问出来。我很客观地肯定了副总的能力，一个人能坐上这个位置一定有其理由。副总的个人能力非常强，工作经验很丰富，但有时候为人过于强势，"空降兵"在她面前存活的概率不大。我非常直接地说，自己年纪轻，工作经验不足，除了有热情和一颗好学的心，别的什么都没有，所以目前没办法被委以重任。

总经理看我如此坦白，便实话实说了。他初步的想法是不再增设另外一个副总的职位。听他这么说，我大概明白：他可能怕我心高气傲有想法，这顿茶是安抚茶。

既然话都说开了，我便没有什么负担了。我向总经理请教了一些关于茶的问题。于是他打开了话匣子，顺便把抽屉里的各种茶宝贝和我一一分享了起来。

隔了几天，我去找副总聊，话说得直接明了："我很年轻，初来乍到，什么都不懂，很想学习，面对机会我肯定不能放弃。其实我没有什么多余的想法，只是对项目非常感兴趣，想了解更多，提升自己。我没有您那么多经验和经历，这是我应该补的课，所以面对任何学习机会我都不可能拒绝。

"当然，因为年轻，我在某些方面取得一点成绩后，难免爱表现，那是因为我以前没有成功过。大家出来打工都是为了赚钱，我希望留在这个公司，并且能够得到加薪的机会，所以我必须得有成绩。我那么拼，没有别的目的，就是为了自己。

"您有很多值得我学习的地方。这段时间，我在您身上学会不少专业的东西。我即使有一天走出去，也不会忘记您教会我的东西。"

我这番言辞恳切的话，换来了副总一个劲地说自己做得不够之类的客套话。几天后，总经理发布了部门不增设副总的决议。副总脸上彻底由多云转晴。

我和副总之间的关系由此出现了一个转折。此后的两年里,她都没有再为难过我。她给我打的测评分虽然比她手下的其他人低一些,却也没有到低于80分的地步。

我稀里糊涂地成了总经理办公室喝茶的常客,没事儿听听他侃大山也挺有意思。

也许你会觉得我有点儿傻,为啥不多争取一下。说来我这人很保守,也很老实,我明白:忽悠来的位置,你没有本事是坐不稳的。我缺少带队经验,更缺少专业知识,这些我都需要向总经理、副总经理学习。我如果争取到了一个高位置,就把自己放在了知识的对立面,这多少有点儿得不偿失。

我比副总小很多,我有信心到她那个年纪坐到总经理的位置,这就够了。今后我成长的时间还多着呢,不着急。

能被您抢功是我的荣幸

一个朋友留言说,她的领导听了她的建议后,开始孤立她,开会发言的时候说的又都是她当时提出的建议,这让她如何是好?

做过下属的,可能都遇到过这种"冤屈"。我们都希望被人注意到,被肯定。但是不要忘了,想出头,就容易招致非议。

不是所有的领导都有大局观,也不是所有的领导都能容得下下属的表现。被领导打压,有时候是因为领导气度小,有时候也许你要反思自己是不是做得太过分了。

《甄嬛传》里有这样一句台词:"容不容得下是娘娘的气度,能不能让娘娘容下是嫔妾的本事。"你如果还没有让领导容下你的本事,就贸然出头,招致非议,这真的没什么好抱怨的。

职场里的确讲究怎么表现。当你摊上一个你觉得"不称职"的领导时,你可能更希望极力表现,盖过他,并且希望能争取到他的位置。

当然,若是你有这样的想法,也算得上一个励志向上的好青年。但是,如果你根本没有晋升的打算,或者现在还没有盖过他的能力,还稀里糊涂地乱表现,让领导觉得你想要向上爬,之后对你实行一连串的打击和冷暴力,那才真的是得不偿失。

所以,你要表现,就要搞清楚自己这么做的理由。勇于承担后果,不要怨天尤人。

表现适度,把握机会,也许你会成为给领导脸上增光的下属;表现过度,也许你会面临"被打入冷宫"的可能……一念之差,天壤之别。

川叔之前也遭遇过类似的事情,但是因为那时候我还年轻无知,所以并没有什么"不平衡"的心态。

那是我人生第一份月薪5000元的工作。也许这点儿钱在你看来没什么了不起,但是对于之前一直拿两三千元月薪的我来说，5000元简直是惊为天人的月薪。那份工作可以说是我人生里称得上转折点的工作。

所谓的"转折点"，其实是一个很微妙的词，它需要你每隔一年就回望，审慎地总结一番才能发现。从那以后，我才彻底摆脱迷茫、不自信，甚至都不知道自己应该干什么的境地，逐渐找到点儿"谱"。

当时，我的领导是女性，据说她是老板的朋友。她和我一样不太懂地产，但比我更懂恋爱。

我的工作是负责公司的内刊。虽然之前我做过文字编辑，但是图书和行业杂志的区别非常大。既然我的上司教不了我什么，我就只能自学。

那段时间，我偷偷躲在办公室里看资料，找感觉，学着怎么做选题。而我挖空脑袋想出来的选题，多次被部门大领导驳回，之后我的上司会笑靥如花地说："没关系，小川，我们再想，多想几个。"

当时我想掐死她的心都有了，多想几个，你怎么不去想呢？

我们当时服务的客户是地产界的老大，我们负责他们北京分公司的内刊杂志。每一期的杂志选题都需要做好幻灯片,去客户那里提报。一开始,大家还开会讨论一下,定个选题,然后上司让我把讨论的结果写成文本,最后她拿我的文本做成幻灯片。后来她大概嫌麻烦,就直接丢给我,让我做成幻灯片之后,她去向客户讲。对于从没做过幻灯片的我来说,这又是一次自学成才的机会。

几次提报都很顺利,为此,部门经理在开会的时候表扬了我们,说我们做得不错。我的领导和颜悦色地接受了褒奖,只字未提那是我的成果。

如果说我不记恨,那是假的。但是我在意又能怎么样呢?我是个新人,还是她的下属,我的职责不就是辅助她的工作吗?也许领导认为很多事情都是她做的,我只是一个帮忙的角色。如果我因为这点儿事情去闹,结果会怎么样呢?我可能会被她整个"半死"。或者退一万步说,即便把她开除了,我可以坐上她的位置吗?这个问题我问了自己好久,答案是"不能"。

虽然这个项目我做了80%的工作,但是让我去坐她的位置,我不敢。我不太敢在客户面前讲话,也不敢去谈判。谈要求,协商,还有争取保留我们的想法,这些我都缺少经验。

当你不满你的上级的时候,你要问问你自己:既然不满意,你可以取代他吗?你如果不能取代他,就好好坐你的位置。

我的能力提高得非常快,领导基本处于养尊处优的状态了。有时候我做完选题幻灯片,她临去提报的路上才会打开看;给客户现场讲解的时候,她只要有不明白的地方,就会直接让我补充说明。渐渐地,客户对我有了印象。

后来她来上班的时间越来越少,每天到公司露一面就消失了,杂志的事情统统丢给我。我已经和公司很多同事熟识,借助领导的介绍认识了很多撰稿人,有了客户对接人的联系方式。我和客户偶尔会在网上讨论,交换修改意见。

有一次去给客户提报的路上,领导忽然说她病了不能来了,让我直接带着选题幻灯片去提报,就这样,我开始人生第一次结结巴巴的提报。

之后客户的其他部门做年报,希望尝试一下新形式,于是就问我:"你们可不可以接单子?"我打电话给领导,领导说:"可以啊,你自己看着办呗!"

我回来就去找总经理。总经理说:"你可以先接洽看看!"

我把客户的诉求与当年非常火爆的电视节目相融合,客户看了很满意。我和设计沟通了一下印刷成本,和总经理敲定了一个报价以及底价原则,然后出具协议,经法务确认,与客户签订合同。就这样,我人生里第一个10万元的单子意外地成交了。

开季度例会时,大老板特意表扬了我们部门,说我们不但完成了原本的工作,还能创收,很难得!我的领导气定神闲地站起来发言,侃侃而谈对总经理以及部门其他同人的感谢。我在下面什么都没有说。那些感谢词里没有一句提到过我的名字。

之后,金融危机爆发,客户压缩开支,广告预算减半,原本的刊物停刊。我们部门一下子成了没有任何项目的闲置部门。公司开始裁员,我的领导不幸在裁员之列。我被人力资源总监叫去谈话,公司决定把我调入客户部。因为我很不擅长和人打交道，所以我对这个决定多少有些别扭。

人力资源总监说："其实我也可以把你一并裁掉，之所以没这么做，是因为我知道那单10万元的生意都是你的功劳。我觉得你在专业方面没问题，在与人交往方面还可以更进一步，变得更好。现在给你这个机会，要不要把握，取决于你自己。"

就这样，我的人生开始了又一个转折。

没有改变的人生不会精彩，但是每次改变都会带来成长的痛苦和对未知的恐惧。时至今日我都要感谢我的那位领导：能被您抢功，是我的荣幸。我的成果通过您被大家看到，这是对我的肯定。失落，一定会有，但是它会督促我，让我看到我和您之间的差距。也许我做不到像您一样，但是我在努力尝试改变，哪怕这个过程是漫长的，哪怕进步只有一点点……

不是谁都可以做到像你这样好

如果你是一位领导,你喜欢什么样的下属?你可以说出来,也可以写几条,之后反问自己:这些领导喜欢的东西,你做到了吗?

如果别人问我这个问题,我应该会回答:"我喜欢有热情,遇到事情不推诿的下属。"我喜欢看到下属每天都活蹦乱跳,精神饱满,而不是一直打蔫像没睡醒一样,开个头脑风暴会,根本没人发言,不是看手机,就是眼神放空没有参与感。我希望有新的任务来的时候,下属会双眼放光地说:"这个我太想了解了!"而不是像吃了苦瓜一样,说:"啊!又这么多活儿!"

如果你问我:"这些你做到了吗?"我会很真诚地说:"这些我做到了!真的。"

在职场中，偶尔会遇到这样的情况：领导让你交出你的工作，让别人去负责。你当然不能违抗领导的命令，但把工作交出去的时候，你可以拍着胸脯说："这份工作少了我，领导会觉得很不习惯。也许别人迟早能代替我，但至少在短时间内，别人想直接做到像我原本那么好，还没那么容易。"这话，你敢说吗？

你如果说这话时没什么底气，就得问问自己：在被告知交出工作之前，你到底做了多少？做到了什么程度？是及格还是满分？

由于公司、部门、职位的差异性，也许不是每个人都能做到"这项工作离了我不行"的程度，尤其是有的公司很反感"能人文化"。但你有必要反思一下：你是否用心去做你的分内工作？你是否对自己的工作做过总结？

当年我被迫交接工作的时候，总结过自己的优势。

工作细心，别人只要端正态度，就能和我一样做到这一点。

对一个设计的判断、审美，我积累了更多经验，别人暂时代替不了。所以把这块工作交接出去的时候，我很安心。因为我知道，也许这个项目离了我也能运转，但离开我，它未必转得多畅快。

执行力是我最大的优势。面对新工作时，我能充分调动自己的积极性。你如果是我的领导，就会听到我这样回答："真好！这个有意思！""我很早就想尝试了！"

也许有人会吐槽我："你太假了。"我觉得，如果你在装兴奋，那就太假了；如果你是真兴奋，那就不假。

很多人都希望自己干轻松的活儿，公司还给开高工资。等你工作经验丰富了，能看到别人忽略的地方，并且面对抉择做出正确的决策，你自然可以坐到类似高管这个位置。年轻的时候，你如果不多学习，不接触新的领域，怎么可能坐到那样一个在外人看来白拿钱的位置呢？所以，多学习，这本身就是一件好事。

在第一任女经理带我的那一年里，有半年的时间我都在加班忙碌，甚至一度工作压力大到一个月内连续失眠。这期间，我难过过，工作失误过，被董事长骂过，被总裁责怪过。

有一次，我被总裁骂得狗血喷头，之后还要忍着一肚子怨气去执行任务。身边没有同事帮助,没有亲朋慰藉,孤单、委屈、难过,让人变得更脆弱。在司机开车带我去现场的路上,我听着车载音响播放的那英的歌《梦一场》,瞬间崩溃,在后面无声地哭了起来。

所谓培养,就是给你比别人多一倍的犯错机会。不经历点儿什么,你就不可能得到成长。你不多做点儿工作,不多经历一些,怎么能比别人进步得多?

之后,我无论面对再多的事情,再大的排场,都很坦然。一想到有新的任务,可以让我学到新东西,我就会很开心。经验、资源、客户、模型,这些你都可以装在脑子里带走,也是你成长之后谈升职加薪的筹码。面对这样的机会,你为什么不开心?你反感啥呢?

"不是谁都可以做到像你这样好!"这句话是我曾经用来鼓励自己的。

我们很少自我鼓励,一方面是因为我们太害羞,另一方面是因为我们找不到自己做得出色的地方。

电影《春娇与志明》里,春娇的公司要倒闭了,上司要带一个人去大陆开分店，最后她选了春娇。为什么呢？因为春娇在回答上司的问题时，拿出了她做的外卖本子，上面按照每周的特色都做好了标记，甚至还做了不同特色的搭配，样子精美。如果你是上司，会不喜欢这么用心的下属吗？

职场新人最大的挑战是被人替换掉。被人替换，就意味着你可能要被开除，因为你在这个公司没有了存在价值。你是否问过自己，自己存在的价值是什么？你是否把自己的价值全部发挥了出来？

坦白说，川叔随时都面临着被替换掉的危险。

不论是每年招募来新人，还是因为升职的关系，我都要放权给下属。无论哪种情况，都意味着我要和别人一起做原本由我负责的工作，并且尝试让对方做更多。当对方能代替我的时候，我不得不去思考更多的东西，站在比对方更高的位置看待问题。

川叔现在仍然面临着放权给下属的问题。因为业务拓展需要，我负责的工作范围变大了，不可能再专注于原来的小项目。我需要把这些东西让位给新来的下属，告诉他如何做，如何让这个项目运转下去。之后，我要抽出大部分精力去做新项目。对于老项目，我也不能放手了之。一来因为这是自己辛苦打下的江山，不能看着它歪掉；二来，这是体现自我价值的时候。

有人帮你做了执行工作，你就要把眼界放高远一些，放到策划和创意层面。如果下属可以承担全部的策划执行工作，我要做的就是帮他把控这个成果，并且参与到运营和传播中去。这才是我个人价值最好的证明。

你如果不想让领导产生"你可以被取代"的想法，就要学会先人一步地思考问题。你总能向领导提出更新鲜的想法，并且让他看到你已经做出了成绩，那你就是值得被肯定的，可以留在这个位置上，或者向上发展。

我不想像前文提及的副总那样，守着自己的才华，怕别人替换自己，就一直打压和排斥做事的人。如果他日招募到更有才华的人，该怎么办呢？我不想成为那样的人，所以我只能放宽心，并且努力提升自己。

我想，如果有一天我辞职了，项目全部交接出去，那些客户或许会因为产品风格的改变而怀念我，领导会因为当年我的很多想法如今没能实施而怀念我。这就足够了。

我可以被取代，但是即便做同样的事情，也没人能做到像我这样好。

或许，这就是那个叫作"自信"的东西吧。从毕业开始，到找到它，我用了10年。我很笨，相信你会用比我更短的时间找到它。

从月薪5000元到年薪30万元：如何开口提加薪

先说说我年轻时一次失败的加薪申请经历。

来北京的第一年，我还是一个职场小白。

在试用期，我的工资为1700元，公司提供宿舍。我的试用期比别人都长，4个月，还差点儿一直拖着不转正。领导对我的能力不满意，还放出话来："我们只要找到合适的人，就把你开掉。"这导致我日后在职场里一直有一种莫名的危机感。

后来，我一个人做两个职位的工作，还兼顾了一些打杂的活儿，以廉价的劳动力换得了安身立命的机会。四个半月后，我转正了，转正后工资为2300元。

住在公司宿舍，我经常做噩梦，梦见领导通知我已经找到合适的人，把我扫地出门。为了让自己活下去，我在遥远的昌平租了一间房子，房租800元。

这是我人生第一次在外租房子，房东是位老师，人还算不错。我当时不清楚一件事：房租要押一付三。以前我根本不知道有这回事。刚来北京，只拿了几个月试用期工资，即便我不吃不喝也凑不够4个月房租。我只好央求房东，先交两个月的房租，下个月再交剩余两个月的。

2300元的工资，扣除1600元的房租，还剩下700元。这700元包括餐饮费、通信费及交通费。眼看着自己的生活到了捉襟见肘的地步，我就想到了跟领导提加薪。

当时我太年轻，对领导实话实说：自己现在入不敷出，希望能加一些工资。当时公司的工作和日本有些联系，领导虽然不是日本人，但是很有日本人的做派。他冷漠地看着我说："你觉得钱不够花，可以搬回来啊，公司为你提供了宿舍。以你现在的水平，你写的文案顶多算是半成品，很多地方都需要我修改。现在给你加工资，凭什么？"面对他的质问，我无言以对。无奈之下，我只好开始接各种文字兼职，勉强维持生活。

我要感谢领导，他给我上了一堂人生课：示弱，没人会同情你。不要站在自己的角度去乞求别人可怜你，要站在对方的角度问问自己："给你加薪，凭什么？"

有过这次失败的加薪申请经历后，很多年我都没有再提过涨工资这件事。一来是因为我的工作变动频繁；二来是因为我接了大量的兼职工作，每天都很忙碌。

后来，我阴差阳错地进入一家广告公司，月薪5000元，税后4300元。这份工资我一拿就是两年，其间一分钱都没涨过。

2010年，我当时的部门经理要跳槽到我现在所在的这家公司。他找我谈话，说他需要一个下属，问我有没有兴趣。那一年我31岁，过了而立之年，依旧找不到人生的方向。即便在这个公司干了两年，我依旧觉得没有找到属于自己的路，每天都很苦闷，自信和工资一样没有长进。

经理找我谈话后，我回去想了想。我首先想到的是涨工资，但具体涨多少我没想好。其次，我要变更抬头。哪怕给我一个主管的位置都可以。如果我这时候不提要求，估计以后就没有这么好的时机了。

涨工资的时机很重要，你要选一个刚好需要你的时机，你要自己把握尺度。我提出的要求是工资6500元，职位至少是主管级别。部门经理说他会尽可能为我争取。

跳槽很少有平级移动，多数都是向高处走。我的部门经理跳槽后的职位是公司副总经理，他当时的主力下属只有我，他很看重我的能力，因此帮我争取到部门经理的职位，工资6750元。

我喜出望外，这个意料之外的待遇让我工作起来格外地卖力。唯一有点儿不好意思的是，每次行政部的小姑娘叫我经理的时候，我都会不自觉地脸红，觉得自己配不上这个称呼。

之后，公司空降了一位女上级，任总经理，分管我的直属领导和另外一位女副总。两个女人的斗争从一开始就上演得热火朝天。我的直属领导一看这宫斗的架势，选择退避三舍，并"密谋"出国。

两个女人斗争的结果是，总经理被架空，手下没有任何兵，因为所有的干将都是女副总的手下。于是她只好向我的直属领导打招呼调派我。我的直属领导当然乐得做顺水人情。这可苦了我，工资没加倍，工作量翻了3倍。

2010年10月，我得到直属领导要出国的消息，真是晴天霹雳！我感觉前途渺茫，第一次有了自己拯救自己的想法。

我每天都跟着总经理跑前跑后，很快过了大半年。这半年对我来说是一个学习的过程：学习专业知识，接触核心内容，开阔眼界，增长见识。但我的工作量成倍地增加。

原本我只是在副总手下负责一个项目，被总经理调用后，不但要把原来的事情做好，还要和总经理一起跟进其他两个新项目，其间还有公司每个月一次的大型培训的组织策划工作。

当时我倒不觉得有工作压力，只是有一种分身乏术、忙不过来的感觉。两个月以来，我和总经理是全公司加班最多、下班最晚的人。我就这样熬着，坚持着，等来的却是直属领导要离开的消息。

副总正式通知我他要出国后的第三天，我和总经理提出加薪申请。

我想了很久，直属领导离开，意味着他原本主导的项目都要由我一个人完成。我把自己目前负责的几块内容归纳了一下，并且明确了自己的强项。我的专业能力和经验都不足，因此我现在还不能独立负责两个新项目。而且如果因为工作繁重而使原本由我负责的项目出现问题，我或许就不能继续待在这里了。想明白这些，我向领导提出加薪申请的时候选择了以退为进的方式。

我和总经理说:"您带了我半年多了,我的做事方式、为人,相信您有了初步的了解。非常感谢您给我提供学习的机会。现在,我的直属领导要离开,这意味着我要对整个项目负责。我非常希望自己能学到更多东西,但我的精力和时间有限,尤其是当我超负荷运转的时候,会产生心理不平衡。如果您觉得我和您的配合还算到位,希望您在权力范围允许的情况下帮我调整一下薪资;如果您觉得没办法调整,就可以着手招新人了。这样新人来了,我可以提早和他做交接,年底前就可以将工作交接完毕。"这番以退为进的话,归纳一下就是"如果您打算继续让我一个人干一堆活儿,请加钱;如果您不加钱,那么请找别人"。

我自己提加薪的原则是"先做到,之后再去提"。这个原则仅是我个人的习惯。因为我觉得,接受新任务的时候,你不去做,而是直接开口讲条件,首先你会错失尝试的机会,其次领导会觉得你斤斤计较。

尝试都是有风险的。领导安排我去做新任务,我可以去做,但是因为我没经验,所以不能保证把工作做完美。反之,领导安排我去做新任务,如果我要求加薪2000元,之后没把工作做好，那么领导一定会发怒，因为他觉得自己花了冤枉钱。职场要的是结果，没有苦劳，只有功劳。

总经理是一个爽快人，也许公司刚好处在用人之际，于是她当场拍板，下个月帮我增加1000元的补助。至于工资调整，她现在就帮我申请。

2010年11月，我的工资为7750元。2011年1月，加薪申请通过审批，我的工资涨为8300元；在年度评比中，我获得最佳新人奖；在季度考核中，因为我超额完成任务，总经理给了我110分的满分。所以，2011年2月，我的工资调整为8700元。

我一年三次调整工资，还获得最佳新人奖，可谓春风得意。2011年4月，总经理调回集团，新的男老总老孙上任，女副总大权独揽，我又开始了被打压的生活。高峰之后必有低谷，做人太得意，就要做好摔倒的准备。

2011年10月，我在被开除的边缘活了下来，历时半年和老孙成了朋友。团队扩充，我增加了一名副手、一名助理，并在为人处世方面有了很大转变。2011年12月，公司30%的人员调整工资，我的工资单上写的是9800元。2012年9月，老孙扛不住压力，宣布辞职。我被集团收编，工资按照集团主管岗位的标准，税前9600元。

回到集团的那段日子，几乎所有人都受到了打压。行政人事部的强势，每个人内心的不服，队友的相继离开，都让我很难过，很郁闷。

集团的事情太琐碎，覆盖面大，内部关系复杂，人际关系微妙，任何一点儿闪失都会引起不必要的责难与争斗。我几乎是咬着牙忍耐着，下属每天都牢骚满腹，我却不知道怎么安慰他们。

与原来所在的子公司相比，集团很讲究计划和战略。之前我们只要好好干活儿就够了，现在要去规划怎么干，项目的未来前景如何，项目要达成什么目标，阶段性成果是什么，未来3年的总计划是什么。

很多时候，我总觉得这些都是空话，因为人们常说"计划没有变化快"，谁知道3年后是什么样。但是，领导要你写，你就必须写。每个领导都爱问："明年项目的提高点是什么？"你如果回答"我要好好完成它"，这肯定不行。领导希望看到变化，看到方向，你整合了什么，加入了什么。

渐渐地，我在不断被否定的过程里开阔了思路。原本我只会闷头做事，做一个项目或几个平行项目，现在我悟到了如何把项目做分支，做衍生，并且还可以统一整合，彼此互为照应。

我开始写年度策划、战略报告。

2013年2月，原来的部门经理辞职，岗位空缺。2013年4月，我向部门总监提出加薪申请，工资调整为12000元，经理最低级别。2013年6月，我带领的团队负责的项目获得了一个全国奖项，连董事长都为之振奋。那段时间，我成长了很多，整合了人脉，做出了成绩，也获得了肯定。

就在我以为一切都顺风顺水的时候，我忽然被告知，需要临时拓宽负责的业务范围，9月份接手新的项目，原来已经在做的项目要继续做。

这一临时的变化使我手忙脚乱：新项目没有对接人，基本靠我去主导，直接对接总监，成果向董事长汇报；原来的项目人员吃紧，加之其他部门借调人手造成时间节点交叉，整个团队都忙得人困马乏。我第一次有了辞职的想法。

于是，我在网上发了求职简历，几家猎头公司的人纷至沓来。面试了两家公司后，我对我目前的工资有了大概的判断。于是我把自己的薪资目标定位为月薪2万左右，年薪30万。

2013年12月，我向总监谈加薪，基本上是抱着谈不拢就辞职的心态去的。

坐在办公室沙发上的那一刻，我忽然想起9年前那个才来北京不到半年的我，低声下气地和那个貌似日本人的领导小声说着房租太贵，希望能加点儿工资的样子；想起4年前我还没有来这家公司，向当时的领导提出加薪时小心翼翼和没有底气的样子；想起3年前工资连升三级，我对领导说的那句"谢谢"。如今我坐在这里，宛如时光倒流，往事历历在目。

总监是一个非常痛快的人，听我说了一个开头就说："你的问题我早就考虑过。明年部门会做拆分，你原来负责的项目会做调整，让你单独带一个部门。我现在帮你争取的工资是一年30万。"

我当时有点儿傻，不知道接下来应该怎么接这句话。

总监笑笑说："明年你的部门会扩大成6个人的团队，对你来说，如何带队，将是一个全新的考验。关于新部门的发展计划,你要心里有数。别等我问你的时候,你说你还没来得及想。"

2014年2月,我的调薪通知下来了。我终于迈入年薪30万的门槛。从月薪5000元,到年薪30万,我用了4年的时间。对我来说,其间的几次工资调整都非常值得纪念。

工资只是证明个人成绩的一部分。人生或许有很多东西都和工资一样:先做到,之后得到。

汇报工作,考验的是格局和抗压性

看一个员工有没有发展潜力,就看他会不会汇报工作。

以前我做普通员工的时候,觉得这句话背后的意思是,看一个员工汇报工作时会不会给自己脸上贴金。后来等我做了领导,自己带团队了,才发现,这句话是指一个员工在汇报工作时把自己放在什么位置,他的情绪是否平稳。

格局和抗压性,是一个人是否具有发展潜力的两个指标。很多人在汇报工作的时候,双输却不自知。

我在《穷忙,是你不懂梳理人生》这本书里写过,有一次老板要测试我的业务能力,让我带着部门去承接业务。我作为丙方,为另外一个地产公司服务了将近一年,主要是做自媒体的内容策划和落地执行。

我特别感谢当年在广告公司打下的基础,让我具备了很好的乙方素质,我也要感谢当年的领导给予我机会,如果之前没有那么多的提案练习，估计第一时间就会被甲方刷下来。

很多人都说甲方很难搞，要求多，喜欢不懂装懂。我自己做乙方的时候也曾这样想过。但我做甲方时，以甲方的视角为乙方提供方案，我的方案很容易过。

在一次提报现场，我曾经目睹一位设计师被甲方三四轮逼问的情景。这位设计师情绪崩溃，从解释到对抗，最后被扫地出门。

那段经历让我学会了如何把项目公司当甲方对待，致力于给甲方一个满意的答卷。我回到集团主持项目公司的工作后，看待问题的角度不同了。公司内部有很多策划人员，他们在提报方案时大部分带有情绪。这些人有一定工作经验和阅历，专业上没太多问题，关键的问题是格局和抗压性。

如果你不能提升自己，让自己站在更高的维度去看待要提交的报告，甲方老板就很可能在听你讲了5分钟或10分钟后就开始提各种问题，近似刁难。很多人在这种情况下心态就开始崩了。

最令人崩溃的还是修改。一次又一次的提报不通过，会使你产生挫败感，进而导致创新性下降。而下次你拿出的方案有没有生命力,或许在你开始提报的第一分钟就已经很清楚地传达给甲方老板了。

向老板汇报工作,说不紧张是假的。很多老板会带有很强的气场,具有一定的压迫感,甚至有时候他们会做出让你哭笑不得的事情。比如,他们会针对某个细节反复纠缠,或者他们不记得自己上一次决策过什么。最让下属纠结的是,老板都希望"少花钱,效果好"。

我第一年接手某个项目的年度营销策划时,定的指标是700万的营销预算,14亿的回款。所有的部门都很难,都知道要把钱花在刀刃上,还要让老板看到成果。老板既希望看到品质,又希望看到传播效果,最好还能带来转化率。

当时我和策划部的铁娘子一起做策划案。我俩提交的方案是周例会上讨论的重点。一旦销售遇阻,老板就会从我们两人里找一个人开刀。

铁娘子是一个从业10年的老策划,有很多市场经验,她唯一的不足是:摸不准老板真正想要的是什么。因此,她做汇报时常常拖沓,重点不突出。老板每次听到10分钟的时候,就打断她的提报，直接挑出自己感兴趣的内容提问。

我们的老板是女性，她对调性和用词极为敏感，并且很看重自己的直觉。在日常工作中，我会特别留意她的关注点，她对什么最感兴趣，对什么不感兴趣。我每次向她提报方案前，都会以她的视角反复模拟。

为了防止老板对会上的决议反悔或忘记，会后我会及时把决议文件以会议纪要的方式发给秘书，让老板确认签字。

铁娘子很羡慕我，其他同事觉得我特别会说，而且说的都是老板爱听的话，所以方案总是能顺利通过。其实，我只是尝试从老板的视角去看问题，想办法把方案的高度拉高，并且给出两套方案，把选择权交给老板而已。

很多老板可能会这样想：你和我的视角一致，所以你就是那个对的人，你提交的方案肯定差不了；如果你的出发点是错的，我就不用听后面的内容了。

当然，我也有受挫的时候。

第二年，这个项目的回款指标变成了20亿，营销费用却下降到了350万，等于降了50%。老板给出的理由是，前期我们已经砸了很多钱，做出了影响力和品牌，现在就是我们收获成果的时候。大家虽然没反驳,却心知肚明是怎么回事:项目要结束了,老板不想在宣传上花更多钱。

这对我们的团队是一个很大的挑战:品牌营销要和去年一样保持不变,费用却少了一半,怎么做?做什么?

我的第一轮方案被老板否了,理由是不够创新。她当然知道费用减少了,所以不能用常规的做法,必须出奇招。但所谓的不走寻常路,老板到底能接受多少,接受到什么程度,我没有把握。

铁娘子的方案一样不好通过。我们一起改报告,开讨论会。所有的人都觉得,老板自己并没想好,却逼着我们出方案,她是在用我们的方案去找感觉。大家虽然明白这一点,但还是要硬着头皮去写,于是情绪就在提报的时候带出来了。谁的方案是敷衍的,谁的方案连提报者都觉得没有信心,从提报时的状态就能看出来。

我是比较顽强的人。我的提报被老板连续否定了4次,但我仍不放弃。甚至到后期老板都说不出具体的修改方向,只是说"这不是我想要的"。

再次开会的时候,负责营销的副总安慰我,让我不要沮丧，铁娘子也被否了3次，感觉都要辞职了。大家都有点儿消极怠工的意思。谁让她是老板呢？她说不行，我们就只能继续修改。

我笑笑说："大家可以给老板一点儿考虑的时间，这个阶段对她来说也是全新的，她也不知道要怎么走。所以我们不能逼她做决定。项目都有时间节点，她不可能一直这么否决和拖延下去。"

我猜想，老板也想探探我的底，看看我是不是真的倾尽了全力。如果她发现我已经把所有的东西都掏出来了，那么理智会告诉她，她必须在已有的备选方案里做决定，或者换掉我。

第五次提报的时候，我没有单纯强调提报的方案有什么创新点，而是拿出去年的复盘报告，分析了一下我们在传播上什么地方做得最好，什么地方最弱。今年我们用这一笔预算，是打算做好长板，还是补充好短板。我再从成本的角度出发，针对这两个方向提出具体的建议。我没有提交新方案，只是整合了一下被否定的4个方案，并且做了排序，以什么为主，什么为辅。我把目前项目的推进计划拿出来，做了一个横向对比切片图，给老板展示，并且点出要害：如果我们现在错过这个决策期,之后的营销节点就都会推迟。

那次的会议效果很好,老板拍板了很多决议。散会后,铁娘子对我竖起了大拇指,夸我做得棒。我笑笑说:"不,不是我棒,是老板自己想清楚了。"

身在职场,你所处的位置不同,看问题的视角便不同。只要你能以高于你的视角去看待问题,你所提交的方案就会更有高度、深度。

面对失败、压力以及不可能完成的任务,你是选择放纵你的情绪并放弃,还是选择反复尝试,这一点非常关键。

你的方案是不是最好的,取决于你有没有把最好的拿出来,你对自己的方案是否自信。你是不是最好的,取决于你能否在压力和挫折下站起来。

企业遇到有格局、有抗压性的员工,是幸事。

作为平凡的个体,我们把压力当作压力还是机遇,把工作当作工作还是未来,都是我们自己的选择。你的选择,别人是看得见的。

别等到辞职,还不知道你做过什么,有什么价值

职场咨询师做久了,被问到最多的问题就是:想辞职但又没底气,总觉得自己没准备好,面对这样的情况该怎么办?

职场是一个自我成长的场域,你在里面待太久,很容易忘记观察自己的成长速度。长年累月各种情绪累积起来,你就只剩下对现状的不满,对领导的抱怨,对工资的介意。

那么如何察觉自己的成长进度呢?川叔今天就教大家几种实用的方法。

辞职倒计时闹钟

设定半年后的今天或者一年后的今天你要辞职,然后问问自己:在这半年或者一年的时间里,如果你需要借助现在的平

台提升一个点,你觉得会是什么?

大部分对职场现状不满意的人,多半是因为忘记了自己的成长方向。

职场是一个强迫你自律的地方,你如果依照习惯做事太久,就容易丧失热情。每天到点上班,到点下班,从家到公司,两点一线,多大的热情都会被磨灭。如果你所处的环境或钩心斗角,或温水煮青蛙,时间久了,你自然容易被同化。身边都是躺着睡大觉的人,你还有心力想着奔跑吗?

设定辞职倒计时闹钟,专门针对那些一直抱怨现状,又不知道怎么做的人。利用倒计时的方法,给自己设定一个成长目标。有目标,有截止日期,知道自己为了什么忙,知道什么时候是出头之日,之后的职场生活就没那么难熬了。

三表总结法

设定辞职倒计时闹钟后,如果你想系统地复盘一下目前你所取得的工作经验和成果,可以采用川叔常用的表格盘点大法实操一下。

了解川叔的小伙伴都知道,川叔的逻辑思维都是靠表格这个小工具激发出来的。当然,我用表格只是为了梳理自己纷乱的思路,我对眼花缭乱的函数和公式一窍不通。

填表可以让人形成一个基本的逻辑框架。如果你能自己设定简单的表格,利用表格复盘你的工作,你的总结能力就会得到提升。

川叔每一本书的大纲及执行计划都是用表格做的。我在《穷忙,是你不懂梳理人生》中展示过这个表格写作法,这里就不再赘述了。

三表法是我发明的一个自我复盘的小工具。小伙伴们在使用这个工具时,可以先按照做好的框架填写,多次填写后再尝试修改框架。

第一张表：工作范围表

工作列项（3～5项以内）	工作内容概括
负责集团的培训工作	1.制订培训计划 2.验收培训成果及学员满意度 3.对接外部培训机构 4.对接其他部门负责人，协调培训时间，发布培训通知，完成培训总结
……	……
……	……

把你目前的工作总结成3～5项内容。如果你的工作内容单一，请尝试拆分一下。比如，你如果是一个负责收发票的小出纳，就可以把发票分成领导的发票、集团公司员工的发票、子公司员工的发票。

如果你的工作内容很琐碎，请尝试合并和概括，尽量合并成5项以内。比如，你是一个设计师，可能一会儿要做杂志版面的设计，一会儿要和5家子公司对接，做一些项目上的营销。你可能还需要做一些微信公众号的配图、节日海报。遇到公司举办活动，你又要去做活动宣传海报、背景板。此外，高管如果参加考察会议，小到证件照需要你处理，大到桌牌、名片需要你设计。面对如此琐碎的工作，你可以找一张纸，在左侧把你做的工作全部写下来，在中间尝试列出几个关键词，看看是否可以概括这些工作，在右侧写上你认为可以确定的正确答案。

上面这些工作内容可以概括成：杂志设计、项目上的营销工作、集团活动宣传、自媒体设计、其他。最后一项"其他"也可以叫"领导临时指派的任务"，但很多时候不一定是领导安排的，你可以用"其他"来概括。

你掌握了怎么把简单的工作拆分，把复杂的工作合并后，就可以把概括出来的列项填在表格里，然后在下一列表格用简单的话描述这项工作具体做什么。如何判定这个描述是否到位呢？要结合虚拟新助理法使用。这个稍后说。

盘点你的工作范围，一方面可以从纵向的维度了解自己的工作种类，另一方面可以锻炼自己的总结能力。很多人在职场上一味地闷头忙碌，你问他到底忙了什么，至少有一半的人概括不出来。

切记，向领导汇报工作，他们要听的是你的概括和总结，而不是你每天从早晨到晚上忙了多少件事的流水账。所以，不要等到领导问起你的时候再总结，平时要多利用表格进行总结训练。

初级选手通过工作盘点可以大概知道自己的工作分成几大项，高级选手通过工作盘点会检视自己投入的精力：你的5项工作里，哪些是你的重点工作，哪些是你本末倒置了，花了更多的精力在边角料上。

有一些做设计或文案的小伙伴可能不赞同我的意见：我提交的每一个作品都代表个人的水准，怎么能厚此薄彼呢？

我们不妨换个维度看。把你的5项工作对标一下部门给你的月计划要求以及KPI（关键绩效指标），你看看占比最多的工作内容是你投入工作量最大的吗？那些占比非常少的工作内容是不是让你无形中花了太多时间和精力？

人的精力和时间，就是我们的资源。你把资源投在什么地方，成果会有所体现。假如你是一个设计师，做杂志设计这件事占了你岗位评分的60%，做自媒体海报只有10%，帮领导处理照片可能没有分数。

你可能因为做了很多期杂志，已经腻了，做自媒体海报让你很兴奋，而帮领导修图，你觉得很重要，不能得罪领导。因此，从结果来看，很可能会出现投入的本末倒置：你在杂志设计上花了2小时，在自媒体设计上花了4小时，在修图上花了2小时。

我作为你的领导，对你的工作成果表示不满时，你还一肚子委屈：我工作一天累成狗，为什么领导不体谅我？可你有没有想过，是你自己没搞清楚工作重点呢？

杂志设计是你的工作重点，你要花更多的时间钻研分析和自我突破，不能因为这项工作很难就刻意回避；而自媒体海报这种事，可以借助很多软件提供的模板来完成；处理照片，你完全可以设置好基本的参数，一键完成，然后再微调。

通过填表进行工作盘点，小伙伴们就会明白：如果不盘点，不对标，你可能根本不知道自己应该把多少力气放在哪个重要的位置。

第二张表：工作流程表

组织营销部门培训的流程	关键动作
与营销部部门负责人沟通培训重点	负责人往往要求很多，可以使用优先级的方式，先罗列再排序
与外部培训机构沟通培训重点并形成初版方案	提前准备企业资料，寻找有相似培训案例的培训公司，防止员工对案例故事不感兴趣而影响培训效果
培训部门内审通过后与营销部门负责人沟通提报时间	沟通前尽量预约好具体的时间
确定培训重点及培训计划	打印会议备忘录，要求营销部负责人签字，以防日后跟进具体工作时不配合
组织培训活动	可以尝试与负责人沟通，建立小组责任制，将领导层委任为几个小组组长，建立小的PK制度，更利于小组人员到场
提前预约好会议室，检查相关设备	清楚与会具体人数和会议大致内容，以便提前准备会议所需用品
完成培训，收集培训反馈，与外部培训机构进行复盘	纸质和电子版两手准备，如果使用电子版，在中场休息时告知大家注册及登录

工作范围可能会分成3~5大项，每一大项包括5~10项工作流程。最简单的记录方法是，先选定一个工作流程，只记录动作，尽可能地细致，不要遗漏。

比如，收集领导的发票这项工作可能包括：每个月20号用OA发通知，25号收集好，核对金额，对比上个月的金额，看看是否有浮动，如果有需要，找领导签字说明，上报审批，审核结束后打款。

列出每个动作后，你要圈出你认为的"关键动作"，凭借经验，在后面写下注意事项或者优化建议。

这个表主要是在盘点的基础上，锻炼你找出关键步骤的能力。有时候往往就是这一个或两个关键动作，决定整个项目的运作速度和成果。

当这些步骤都列出来后，你不妨问问自己：所列的步骤是否足够细致？在这个工作流程中，自己在什么地方花费的时间最多？有什么优化的办法？

大部分员工都是为了做事而做事，或者习惯性按部就班地做事，不考虑及时解决问题，也不考虑优化工作方法。因为他们觉得，工作是做不完的，干吗那么赶？反正做不完还有明天。时间久了,很容易养成工作拖沓的习惯。

我们既要完成工作,又要持续地思考,找出你认为的关键动作,不回避问题,去尝试高效解决。只有形成良好的工作状态,才能一步一步强化自我的职场软实力。

第三张表:岗位提示表

培训专员岗	提示
负责集团的培训工作	1.最难的不是执行,而是确立培训计划。这涉及领导们的意见统一问题 2.针对自己部门的领导,要学会带着想法去汇报,带着第二版方案去确认 3.与其他部门的领导对接时,尽量把同意意见落实到纸面上,再进行OA审批,这样效率会比较高
……	……
……	……

结合前两张表,你已经对自己负责的工作内容、每项工作的流程有了清晰的认知。现在,你可以跳出这个平面,以过来人的角度给自己一些建议。这些建议可以是针对某一项工作

的，也可以是针对沟通方式的。

这张表与前面的流程表的区别是，前面的流程表是你抓取的整个链条里的关键要素，而提示表则是从整体的维度去查看你的工作。比如，你利用流程表梳理完工作发现，要及时推动某个部门的负责人进行批复；而在这个提示表里，你可以转化成结交人脉的建议。比如，你知道某个负责人很重要，那么，除了在工作场景下，你们要不要多建立一些私交场景下的联系？

使用以上三张表格时，如果有的小伙伴写起来找不到感觉，可以结合最后这个方法。

虚拟新助理法

不论你是定好了辞职倒计时闹钟，还是做好了职场三表，都可以结合这个方法使用。

简单来说，假如你身边的一个新助理要接替你的工作，不管你要辞职，还是要升职，你都要和他交接工作，而他能不能看懂你的工作内容，直接影响你交接工作的速度。

因此，职场三表的标准是，让一个新助理去看这三张表，他能看懂。你也可以找身边的朋友或者家人帮你看。

有的人写总结只给自己看，所以他觉得逻辑乱点儿或者语言随意一些没关系。你如果以交付给他人的心态去写总结，以他人能看得懂为标准，就需要琢磨一下自己的表达方式了。

虚拟新助理法，重点培养你定期总结以及把总结变为输出的能力。

总结和输出是两回事，一个是自己看明白就行了，一个是让别人也看明白。

如果你对工作有所不满，或者一直负能量满满，不妨给自己定个辞职倒计时，以面对虚拟新助理的方式，总结出职场三表。全部都总结完后，再看看自己什么地方做得好，什么地方做得不好，然后利用剩余的时间有效提升自己的工作能力。

把每一年都过得有意义，不要只是单纯地"熬工作"，因为那是在荒废自己的人生。你只为了两三百元的日薪而工作，值得吗？

你会开除谁？《西游记》里的团队哲学

好朋友呆呆最近换了一份工作，新单位在行业内算是鼎鼎有名的企业。平台不错，待遇也不错，唯一的问题是，她觉得她的经理是个二货。用她的话来说，他就是一个没本事，说大话，只会溜须拍马混饭吃的人。

我一再提醒她，他是你的上司，不论你对他有多不满，都要尊重他。但是呆呆是一个白羊座的姑娘，她简单直接，冲动热情，根本掩饰不了情绪。一次，她又因为一件小事和上司闹得极其不愉快，就打电话向我诉苦。

我正躺在床上听广播。听完她的慷慨陈词，我问了她一个问题："你看过《西游记》吗？电视剧也好，小说也好，那里面的几个人物你应该都知道吧？如果你现在是一个团队的领导，你的下属是这个团队里的师徒四人，必须开除一个，你会开除谁？

"唐僧,看着最没用,没本事,也没法术,但是他为什么可以做团队的领导者?因为他有管理的手段和方法。你看他对孙悟空可以用紧箍咒,对猪八戒只是训导,对沙僧基本上不说什么,针对不同的人采用不同的策略和方法。他敢于承担责任、接受任务。西天取经这么艰难的任务,他可以从头到尾、始终如一地坚持目标,不曾放弃。他在处理跟上级及外援的关系上,也层次分明、井井有条,所以每次遇到危机的时候,会有各路神仙出手相救。换句话说,领导可以不是专业人才,或许什么都不懂,但是他懂得怎么管人,这就是他的本事。

"孙悟空是取经团队的主力成员,用现在的话来说,他是一个专业人才,技术力量过硬,优点突出。但是,他的缺点也很突出。这种人很容易恃才傲物,不服管教。他可以自己完成任务,但团队协作能力极差。换言之,他只能带领与他一样的人,无法容忍与他不同的人,做事急功冒进、好大喜功。团队里缺了他不行,但是让他带队也不行。

"猪八戒,几乎每个队伍里都会有这样的人,爱说爱笑,油嘴滑舌,靠着两片嘴皮子就能混一碗饭吃。不管你有多看不起这样的人,都不能否认,他的确可以调节团队的气氛。缺点是专业能力不强,而且言多必失。

"沙和尚,每个团队里最不起眼的就是这种人,闷头干活儿,到点下班,勤勤恳恳,兢兢业业。存在感很低,自动站到被人领导的位置,做员工合格,向上发展的潜力很小。团队离开这样的人就没人干基础的工作了,但是这样的人太多了,整个团队的士气和创新性就会下降。

"这四个人,如果让你去掉一个,你会选择去掉谁呢?"

呆呆想了想说:"如果非要去掉一个,我会去掉猪八戒。因为这样至少从业务的角度来说,孙悟空还可以和沙僧配合,只是团队的氛围会弱一些。"

我笑着说:"或许到时候就不是团队氛围的问题,而是整体协调性都会变差的问题。猪八戒是团队的万金油和润滑剂。冒进的孙悟空和平庸的沙和尚不可能在一个层面上对话。存在感很低的沙和尚对于业务精英会有一种惧怕和自卑,而目空一切的孙悟空无法容忍沙和尚的保守老实。所以,如果团队里缺少猪八戒的上下衔接,团队的配合和协作就会出问题,作为领导的唐僧,沟通成本就会加大。

"那么,现在我们把问题修改一下。虽然我刚刚说唐僧是不错的领导人选，但是并不是每个企业都能请得起唐僧这种人才，也不是每个人都能成为唐僧。假设，现在要推选新的团队领导人，在孙悟空、猪八戒和沙僧这三个人当中推选，你猜结果会怎么样？"

呆呆笑着说："还能怎么样？就是一团乱呗！"

我接着说："乱归乱，但是乱的结果是不一样的。孙悟空做了领导，他还是闲不住。这种专业型的人才做领导，会导致两种结果：第一种，他会尝试把其他两个人都改造成他这样；第二种，他会选择把这两个人都换掉，重新招两个像他一样的人进来。这种冲劲儿很猛的团队，只要犯错，就可能是无法挽回的重大错误。

"如果猪八戒做了领导，会比较麻烦。因为他的目标性不强，专业性也不够。你让他在团队里和稀泥还好，让他独挑大梁，他会面临一个最大的管理难题——管理不了孙悟空。为了树立权威，他很可能会换掉孙悟空，再招募一个与沙和尚一样的团队成员。因为他管理得了这种等级的。

"沙和尚即使做了领导，也放不下手里的业务。结果导致他整个人一直埋在事情里，无法着眼于大局，做出长远的决策。而且他的气场太弱，两个下属都不会把他放在眼里。最后的结果很可能是孙悟空跳槽，猪八戒怠工，所有的事情都由他一个人做。"说到这里我停了一下，"其实这四个人代表了四种层次，每个层次都有优缺点。如果你觉得你的领导没本事，却能坐到领导的位置上，那么他很可能就是猪八戒型的领导。这时候你一个劲地急功冒进、恃才傲物地表现自己，去做那个在他面前蹦蹦跳跳的孙悟空，估计你会'死'得很惨。不管你的专业能力多突出，你都不是无法取代的。态度决定一切，甚至有时候态度会高于能力。

"沙和尚拼的是勤奋，猪八戒拼的是情商，孙悟空拼的是创意。不论我们从哪个点起步，都要把这三点串联起来，最后成为一个合格的三藏型的领导者。

"我们除了分析领导是什么类型，也要认清自己是什么类型。只有积极转换身份，为领导的短板补位，我们的上升空间才会增大，提升速度才会加快。面对沙僧型的领导，你要表现出你的创意和沟通能力；面对猪八戒型的领导，你要表现出踏实和勤奋，偶尔他需要创意的时候，还要适当给予补充，并且把功劳让给他，这样你才不会挫伤他的虚荣心，招来嫉妒；

面对孙悟空型的领导,你要提高自己的效率,同时帮他把控细节,充分磨炼自己的情商,做到点到为止,查漏补缺。对于一个初来乍到的新人,你如果不这样做,就很难在这个团队存活下来。

"退一步讲,能成为领导的人一定有过人之处。你现在没看到,只是因为你一味着眼于自己的长处,并且一直拿自己的长处去和领导的短处相比较。你要学着去欣赏他,找到他的优点,这样你才能学到东西。"

呆呆似懂非懂地挂断了电话。不知道这番话她听进去多少。

隔了几天,她很兴奋地在QQ上和我说,她终于发现领导的一个优点。她提交的幻灯片,被领导修改了一下,就变得高级了许多。明明都是一样的方案,他只是换了图片,调整了次序,一下子就变得清晰明确,高级了许多。

我说:"这就是他比你强的地方啊。首先他很明白领导要什么,其次能把幻灯片梳理得很清晰的人,一定是逻辑思维比较强的人,这一点就是你所欠缺的。换图片、调整次序这种事,他做得不错,说明他有一定的审美和要求。你看,只有多观察、多研究，你才能发现他的长处、你的短板。"

最后这个姑娘很开心地去工作了。

其实这套所谓的《西游记》团队哲学，没有什么依据。我只是把自己这几年遇到过的领导，尝试着总结出来而已。我用这几个人物随时提醒自己：我目前的短板在哪里？专业能力、沟通能力、领导力，我还差多少？面对下属和上级，我是否有过恃才傲物的时候？我是否表现平庸，存在感过低？我是否给人沟通太过，以至于言多有失的印象？

我始终把成为领导者看作一件很神圣很高深的事情。如何做一个富有领导魅力和人格魅力的人，或许我需要花更多时间去思考。

职场里最容易被忽略的四种微量元素

你经常觉得上班让你焦头烂额，事情多得做不完，什么时间管理大法、任务管理课程，买了不少，但都丢到九霄云外，你只想下班刷刷某音，放空大脑，来一杯肥宅快乐水，吃鸡刷剧，睡一觉之后明天再来。或者，你觉得现在的工作环境不是你想要的，又不敢辞职，抱怨很多，负能量满满，职场不顺，人生拖延。你不妨自测一下，看看自己是否缺乏以下四种职场微量元素。

搜索式学习

对于新名词、新事物，你觉得自己跟不上，或者没兴趣了解，这是因为你缺乏搜索式学习的微量元素。

许多职场新人在刚入行的时候，因为不明白一些专有名词或某个流程，会频繁搜索，这是一个非常好的学习习惯。川叔现在使用某款软件的时候，也会快速搜索一下公式或快捷用法。我们要把搜索当作一个外挂大脑。对于有些内容，我们只要记住关键词就很容易找到答案，不需要刻意去记录或者背诵。

积攒了一定的工作经验后，有些人的学习能力会下降，觉得外面的新鲜事物太多，自己不是没兴趣，而是追不过来。其实，只要你保持一定的敏感度，注意聊天中的关键词，或者打开手机善用搜索功能，不论是谈资八卦，还是政策导向，你都可以了解个大概。搜索式学习可以补充信息的不对称，还可以锻炼你的整合能力和快速检索的能力。

有时候，我们做判断不能依靠直觉，必须依靠事实。但我们如果获取的信息量不够，就没办法做出正确的判断或者决策。这一点在如今的网络世界里很常见，很多人会仅凭一面之词就情绪爆炸，将某个未经考证的信息推上热搜。

搜索式学习一方面可以练习我们多维度检索的能力，另一方面可以锻炼我们全面考虑事情的能力。

框架型复盘

学习是好事,但如果不复盘,就容易使信息量过载,从而产生知识爆炸焦虑。你身边也许有很多看起来很努力的精英人士,他们频繁购买某一类课程,和别人谈论的时候总是重复或者转述他人文章中的观点,而没有自己的观点。这类人就缺乏框架型复盘。

复盘的方法有很多种,框架型复盘是我常用的一种。它有点儿像列表格,列出固定的框架,然后按照框架逐一检查和审视。

关于每天所做的事,我的复盘框架如下:

1.今天做了什么?

一天结束后,列出你今天做过的印象最深刻的事。

2.今天发现了什么?

观察自己一天中所做的事,或者针对某件事,问问自己对自我有什么发现,可以是优点,也可以是缺点,还可以是行为模式。

3.针对今天的发现,明天你打算怎么做?

如果发现的是优点,要形成自我鼓励或可流程化的习惯。如果发现的是缺点,就要进行调整,列出明天可以做到的一个小调整。如果需要调整行为模式,那就制定一个小目标,列出明天可以去做的具体行动。

比如读一本书,我的复盘框架如下:

1.这本书为什么吸引你?

是受名人推荐的影响,还是因为自己需要,主动寻找的,或者只是单纯被书名和文案吸引,抑或在网站上浏览的时候,刚好发现它在排行榜比较靠前的位置?

2.你觉得这本书可以解决你的什么问题?只看目录的话,你对哪个章节最感兴趣?

这个问题让我反思:我阅读这本书是否有目标?在阅读前我是否带着问题和目的性?我是否可以通过目录判断出我认为的重点部分?

3.读完这本书后,你觉得什么地方和你想的一样?什么地方和你想的不一样？

这个问题让我思考：我原本的预设和结果是否一样？什么是超出自己预期的？什么是自己预设错误的？下一次如何校正？

我经常使用框架型复盘，一方面是因为它比较简单（我一般列3~5个框架），另一方面是因为它比较符合我的习惯。如果小伙伴有更顺手的复盘方法，可以在我的微博（小川叔）上留言，和我交流。

复盘是对学习到的内容进行巩固的一个必要过程。但仅仅做复盘还不够，还需要降维输出。

降维输出

有些小伙伴会觉得，自己学了一大堆东西，好像没啥用处。读完书为啥记不住内容呢？明明书也看完了，读书笔记也写了，为什么感觉没过脑呢？这是因为你缺乏降维输出的元素。

所谓的降维输出，并不是说把自己放得很高，把别人放得很低，而是当你通过复盘有了自我总结后，可以站在别人的角度，或者从别人的沟通逻辑出发，把自己想传达的内容输出去。

复盘是给自己看的，而输出是给别人看的。我们在输出的过程里，会完成从学习到强化记忆的全过程。

川叔以前做演讲，总想引用一些名言警句，可不知道为啥，一上台就忘。明明自己平时看书的时候记得挺快的，写文章的时候也能不经意地使用出来，怎么一上台就全忘了呢？这是因为，一方面我缺乏对应场景的刻意练习，另一方面我没有尝试进行降维输出。

写作时，我处于一种放松的状态，大脑天马行空，自在无物，过去读过的一些名言警句自然容易被唤醒。而我从来没有在情绪紧张的情况下尝试调动大脑去使用名言警句，所以一旦外界条件变了，我的思维自然就乱了。

后来，我尝试一次只记录一条名言警句。我会查阅这条名言警句的故事背景，深刻理解它的内涵，然后在平时聊天的时候，把这条名言警句说出去。经过多次练习后，我在台上把它和我要讲的内容有机地结合在一起，然后自然地说出来。经过多次练习，在一些即兴的场合，我也可以做到张口就来了。此外，我还会把这个训练方法变成小分享，讲给那些想知道如何引用名言警句的小伙伴，二次加深记忆，完成整个训练。

不论是在日常生活中，还是在工作场景里，降维输出都可以快速锻炼我们提炼重点的能力，同时还可以锻炼我们沟通同频的能力。你把自己知道的告诉别人，用别人可以听得懂的语言来叙述，并且将你要讲的内容和别人的关注点结合在一起，别人就会耐心听你讲话，你传递的内容也会让他们印象更深刻。关于这一点，我在演讲中总结为"关己性"，就是把你要说的事和对方关心的事，找到某种联系，从而建立连接。

某些领域的达人侃侃而谈，但你完全听不下去；很多企业高管在台上激情澎湃地讲话，但你觉得这和你无关。这可能都是因为缺乏降维输出的微量元素。不从收听对象的角度出发，不把自己要传递的内容吃透，都容易造成沟而不通，个人自嗨。

多任务处理

当你升到领导层时,你的工作内容就会变多,如果你不太擅长管人,很可能会出现失眠、压力大、焦头烂额,甚至自信心下降等问题。这时候你需要加强多任务处理能力。

川叔常用的两个小工具是平衡轮和思维导图。这两个小工具的使用方法网上都有,大家可以自我科普。我自己用的思维导图软件是MindManager。近几年出现了很多类似的软件,比如脑图、XMind等,也有很多老师出了手绘思维导图的课程,一些学习平台上都有。对我来说,思维导图是我多任务处理的一个小工具,我重点用它来清空大脑,建立任务关系树,分解任务,最后把相关任务变成模块,从而完成任务整理、调整先后顺序以及减压的工作。如果手头没有电脑,我就会把A4纸横放,使用简单手绘的方式来画思维导图。

我用思维导图划分目前所负责的项目板块,并且尝试拆解成小目标或者小动作。下图是我用思维导图梳理的日常生活及工作安排。

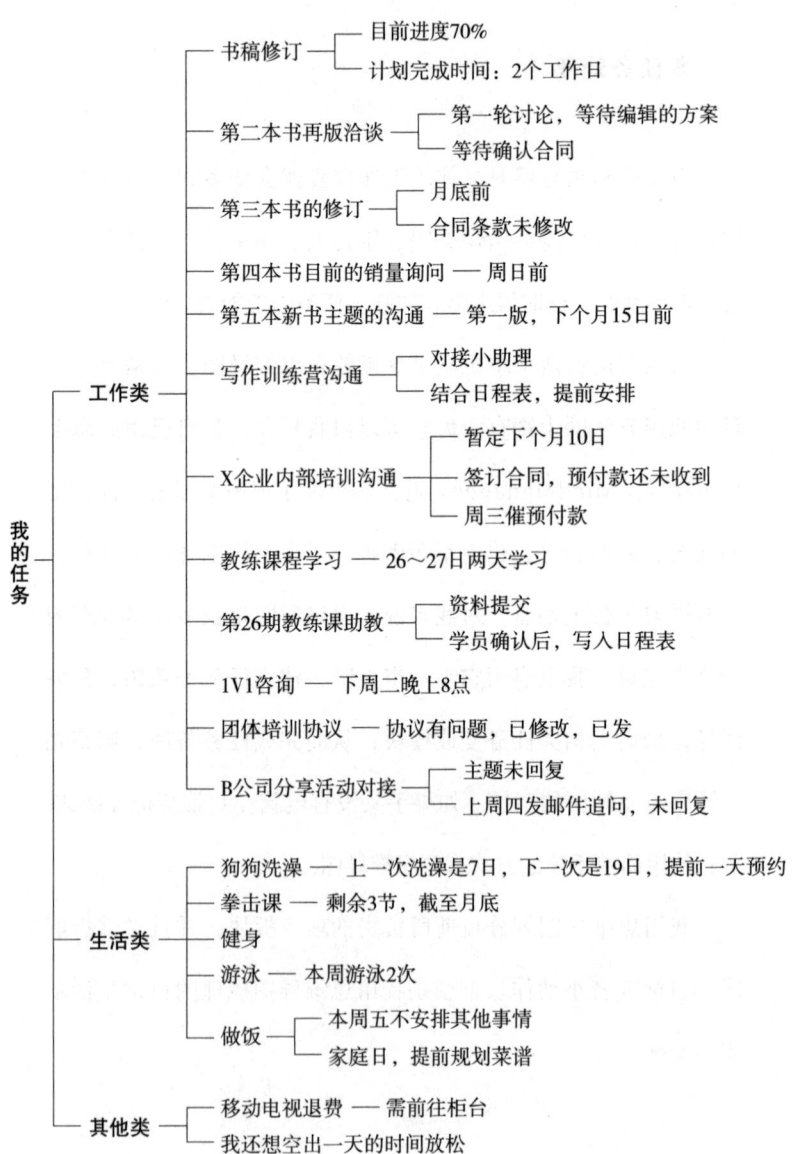

我近几年学了教练课程后才开始使用平衡轮，之前我一直觉得它没啥用。这就像我当年学了DISC（人类行为语言）这个理论模型，差不多过了4年后，才能逐渐融会贯通。

关于平衡轮有很多种使用方法，我最喜欢的是古典老师的方法，具体的使用方法大家可以搜索古典老师的"生命之花"。

我用平衡轮提醒自己不要让工作占用人生的大部分时间，却忘了人生中亲情、友情以及健康等的重要性，不然很容易赚钱越多，幸福感反而越少。

有时候我们学到的一些模型或者工具，可能在当下使用得不顺手，但随着经验一点点积累，逐渐就使用得得心应手了。

刚刚升职或者跳槽的小伙伴，尤其是管理层，会面临管人管事一起抓的情况，此时最容易忽略的一点就是照顾自己。

面对困难，人首先要把握的是心态。心力若不足，就很容易使工作和生活失控。平衡轮可以使你站在更高的维度去看待自我和全局，从而找到你目前的核心源和"充电器"。

人，越是在压力大、任务繁重的情况下，越需要做好取舍，找到关键步骤。职位或环境的变动会使你感到不适应。随着能力增强，你负责的业务范围也会扩大。如果老板给你加了工资，还让你做原来的那点儿事，老板不是太亏了吗？

解决多任务的关键因素，对内是心态和内驱力，对外是方法和关键点。再难的工作都有节奏和关键点。川叔通常用最笨的方法，把手头的工作尽量全部罗列出来，对标目前的要求，确定重点工作（如果拿不准，就找直属领导确认），然后把不太重要的工作授权给下属。

在工作中，我们要不断给自己的心力加油。不论是自我解压，还是自我复盘，抑或和家人在一起时的放松，都是职场"加油站"。

很多习惯在职场上往前冲的人，一开始都是为了给家人更好的生活，后来忘了自己升职赚钱是为了什么。这类人一旦事业受挫，婚姻解体，就很容易一蹶不振。

职场里的多任务不可怕，可怕的是"职场+人生"。这是一个很复杂的难题，并不是往前冲就能解决的。暂时的顾此失彼是可以的，但最终还是要找到一个平衡点，这样才不至于让自己的职场和人生都土崩瓦解。

职场和健康一样,都需要自我经营。职场会伴随我们很久,我们要在职场中不断补充能量,不断成长,还要不断纠错和反思。我们遇到问题时,不妨自查自纠一下,看看自己是不是缺乏这4种微量元素中的一种。

职场瓶颈期的突围三招

所谓的职场瓶颈期,其实只是一种感觉,如果非要给它总结出一个表征的话,大概就是3年以上没有升职。你觉得你已经做到了,但领导总觉得你差点儿意思。

工作似乎永远只是重复,你觉得你只是在掏空自己,缺少新的挑战,日子过得像一潭死水。说好听点儿叫"比上不足比下有余",说不好听就是一眼望到底,可你并不想就这样等到退休。

瓶颈期的表征虽然有很多种,但有一个共同特征:当事人会不甘,会觉得自己不止于此,但是缺乏机会,感觉自己的斗志在消磨,甚至价值没有得到尊重和体现。

川叔在这家公司工作9年,先后遇到过3次我认为的职场瓶颈期。以下我总结的职场瓶颈期突围三招,纯属个人经验,不一定具有复制性,仅供大家参考。

第一招：换维竞争

这个方法适用于内心不满，但还没到想要离职程度的小伙伴，尤其是身处国企或事业单位，有编制但已不满足现状的那些人。

无论什么样的工作，重复久了都会觉得乏味。我自己做了部门经理5年，差不多到第四年的时候，我觉得自己到了瓶颈期，对工作提不起兴趣。上司和团队关系都算融洽，生活很安逸，除了觉得工资不多，好像没什么烦恼。

但我是一个闲不住的人。那时候我马上35岁了，年薪只有20多万。我希望可以做得更多，以此证明自己。我希望公司给予我肯定。所以每次我都很积极地表现，希望把事情做得超出预期，然后不幸就突然降临了。

我的直属领导得罪了老板，失去了老板对她多年的信任，虽然不至于被开除，但很明显她失去了话语权。这直接导致两个结果。第一个就是作为她直接下属的我，每次在开董事长办公会的时候，都会成为其他人攻击的对象。我知道，这是要通过打击我来给我的直属领导施压。我当时才获得参加董事长办公会的权限，在座的几乎除了总监就是副总裁，或者是总经理，我的职位最低，我的老大又救不了我，我能怎么办呢？只能忍着。

第二个结果就是升职无望。你的老大都失势了，你怎么可能被推选？

那段时期，我也想过离职，但又有些不甘。即使我跳槽，职位也不会有大的改变，很可能还是部门经理，而且我还得花2~3年才能取得新公司老大的信任，从而升职。

此外，那个时候的我领导自信和战略眼光都不行，所以我没想过坐总监这个位置，觉得自己配不上。

走又不敢走，待着又无趣，工作就很容易呈现半死不活的状态。

如果现在看这篇文章的你也遇到同样的情况，不妨问问自己：8小时之内的时间你活得憋屈，8小时之外的时间你是否活得精彩？

既然摆在我面前的只有等待，我就要好好利用这段等待期。于是我决定换个维度去增强自己的竞争力。

我在时尚杂志社做了10年的人物专访。杂志每2年就会调整一次撰稿方向,从开始的感性到后来的商业,再到后来的品牌,到如今的深度。杂志社每次提出新要求,我都会积极配合,不然也不会合作这么久。于是我想:我何不利用这段职场瓶颈期,提升一下自己的副业呢?

那个阶段我刚好做了一些企业家的采访。为了做功课,我阅读了很多企业家的个人传记和著作,冯仑和王石的书对当时的我影响非常大。我开始深度思考职场中的一些事,探寻领导力与自我定位。

受此启发,我进一步想道:可不可以把自己的一些职场总结和感悟写出来呢?于是就有了我在网上写的一系列职场文章。写到第三篇的时候,我的文章被当时的频道编辑看到,被做了网站推荐。不久,我接到了出版社的邀约,于是有了第一本实体书的诞生。

如果说写书这件事算是个意外,那么即使当年没能出书,我也会利用这段时间多读点儿书,让自己在人物采访上更精进。

如果此刻的你正处于职场瓶颈期,看起来有点儿无聊的等待期,那么不妨换个赛道,尝试把自己的爱好、自己想做却一直没开始做的事做起来,或者制订一个圆梦计划,多做一些增强自我价值感的事,说不定会打开另一片人生天地。

第二招:重塑第一印象

我的直属领导差不多被雪藏了两年,之后又重新获得了话语权。这次她更成熟了。而我的副业经营得风生水起,我感到更自信了。

经过领导层的再三权衡,我终于在入职后的第五年升到了总监职位,年薪35万以上。

职位越高,往往瓶颈期来得越快。因为你承担的责任越大,领导对你的期望会越高。每个老板都希望自己多花钱能看到更多的回报。

我是领导看着成长起来的,她免不了带有第一印象,始终觉得我还是当年那个年薪10万就乐得屁颠屁颠的小伙子。现在给了我30多万的年薪,她可能会觉得我并不值这个钱。

当总监的前半年,我的日子过得非常难,除了不停地救火,承担更多的责任,就是不停地自我突破,做很多以前没做过或者自己不擅长的事。但这些其实并不能击垮我，因为我觉得这是我要付出的代价，是这个职位和工资背后要补的课。最打击我的是，我觉得自己提升了很多，做了很多，但在老板眼里，我的成长速度仍然跟不上她的要求。

差不多连续6个月，老板的反馈都是：品牌部做了很多工作，但总觉得专业性还差点儿意思，方案缺乏战略高度。

这样的日子连续过了半年啊！我觉得所有的斗志几乎都要被浇灭了。后来我做了一个大胆的决定：我要自费去读书。你觉得我的方案缺乏专业性，那我就去专门学一个品牌专业，回来给你看看。

就这样，我报了香港大学商学院的品牌整合营销专业。上了三堂课后，我就开始借用课上学到的模型，给老板做了一轮提报。

老板从秘书那里听说我自费去香港大学读书，很吃惊。她看到我用模型推演做出的报告（从总目标出发，再制订执行计划），就对我原本的印象改观了。

关于我在香港大学读书这件事，我在《穷忙，是你不懂梳理人生》这本书里单独拿出一个章节做过梳理，这里就不再赘述了。

入学时,我带着明确的目的,知道自己重点要学什么。从学习目标到人脉交际,我做了一个排序。因此,我的学习效果非常明显。我知道我的报告里缺乏什么,于是有针对性地学习,在课上讨论时,提的问题也都有侧重点,真正做到了理论结合实际。

从那次提报之后,我学会了写品牌年度报告及品牌3年战略等。

升职或跳槽会不会带来瓶颈期?坦白说"会"。如何突破这个瓶颈期,川叔并没有具体的方案。我总结的方法是"重塑第一印象"。不论是企业的老员工,还是跳槽过去的新领导,都需要好好思考这一点。

每个人都会有比较明显的标签,想要换掉标签并不容易。尤其是之前一直都在执行层的中低层员工,现在忽然做到管理层,不论是下属还是领导,都在看你怎么转换标签。

如果自己无法做到,就需要借助外力。参加培训、考取某类资格证书,或者去读书,都是很容易让人改观的切入点。但这些动作带来的成效只是一时的,真正让人对你刮目相看的还是你取得的成绩。

如果你和我一样选择了通过再学习去重塑第一印象，那么一定要注意两点：一是，对位学习，才能事半功倍；二是，要学会自我展示。光学不练，或者不好意思展示自己，那不就白白浪费学费了吗？

第三招：从危机里赢取机会

通过再学习，我获得了老板对我的重新评估和赏识。但是，我的固定工资并没有增多，只是年底的奖金变多了而已，我的职位依旧还是最初级的总监。年底的奖金要看企业的盈利及个人的表现，还有老板的心情，不是固定的。

怎样让自己向上走一步呢？

通过再学习，我的视角打开了，带队的能力和领导自信都增强了，瓶颈期似乎也随之而来。我花了差不多10万元去学习，最多做到了德以配位，离我希望得到的认可相差甚远。

做总监两年后，集团开始进入业务下行阶段。所有职能部门的考核开始与回款指标挂钩。管理层的年薪按比例浮动，先是30%的年薪是浮动的，第二年又变成了40%。

这个现状让我明白，企业开始务实，要缩减支出，很可能会裁员，不再养闲人。

以前习惯了每个月领固定工资的部门，包括领导层，都出现了情绪反弹：业绩不好，你调整市场部和销售部，关我们支持部门什么事？这就好比吃了败仗，主要责任需要作战人员担负，你和烧火做饭的人逞威风有意思吗？

员工只看到利于自己的那一面，但是老板希望风险共担、全员一体。很多人抱怨的时候，我觉得这或许就是我的机会。于是我带着部门主动将管理职能下沉到项目，对项目相关联的自媒体、网站、营销策划进行帮扶，一方面是表态，另一方面也是给自己和团队赢取更多存活的机会。

可能你会问：这么带着团队干，团队的成员乐意吗？其实只要你把自己的预测告诉他们，相信每个人都希望利用机会多学一点，希望自己不是被裁的那一个。

我差不多用了一年的时间，通过了董事长设置的种种奇葩考试，比如让我带领团队进行市场化运作，给自己挣工资等。

这些内容在《穷忙，是你不懂梳理人生》这本书里专门讲过，感兴趣的小伙伴可以看看。

总之，我通过了老板的测试，拓宽了人脉，承担了更大的责任，年薪也完成了4年三级跳，从30万元到50万元，最后到了80万元以上。我成为公司培养的新生代领导层的骨干成员，参与了有关公司未来新项目的对接和决策的会议。我觉得我完成了职场试练。

如果你现在和我一样想要在职场里寻求突破，希望突破所谓的天花板，那么你要做好充分的准备，因为机会往往伴随着危机而来。职场的天花板可能是某种能力的逐渐累积，也可能只是一层自我心理障碍。

很多时候，并不是瓶颈期突破后就一劳永逸了，走得太快了，反而会迷失自己，找不到方向。我在年薪100万元的时候选择了辞职离开公司，让自己停下来修整。因为我不知道自己接下来的目标是什么，之后的人生要不要这么继续下去。这不是我想要的生活，但我并不知道接下来我想要什么。

我知道，我这次遇到的是人生的瓶颈期，如何去突破它，或许就是下一本书的主题。

每个瓶颈期,都是我们成长的里程碑。希望我的这一小段人生经历可以为你提供一个参照,愿你的人生不一定全是坦途,但一定要平安顺遂。

04
CHAPTER

扛得住,世界就是你的

想离开小城市又不敢出走,怎么办

来信

亲爱的小川叔:

你好……(此处省略1000字的客套话)先说明基本情况,我没想过自己会回到家乡,一直以为自己会在大城市工作。没想到,在我大学毕业后的一个月,因为家人生病的关系,我不得不回到家乡。刚开始我觉得,哎呀,就这样吧,在家待着好了。于是,我乖乖地听从家里的安排,去相了几次亲,然后真的谈了个恋爱。

谈了一个多月恋爱后,我突然感觉很惶恐。如果继续这样下去,我几乎一眼就可以看到自己以后的生活轨迹——成为一个家庭妇女,结婚,生小孩,上班,下班,做饭,带孩子,打麻将，或许年纪大了还会去跳广场舞。我几乎能够想象出将来的自己是什么样子。我不想做一个油光满面的家庭妇女，于是，我把相亲的男人甩了。

为此，我妈跟我大吵了一架。吵架内容是，我长得差劲，又没本事，眼高手低，能够找这样的男人已经不错了。我妈问我："你还想怎么样？"

是啊，我还想怎么样？我还能怎么样？

我仔细地想了想：如果我想怎么样的话，首先要做的事情就是离开这个小县城，去一个大点儿的城市。虽然我不能保证能怎么样，但至少有那么点儿机会。

可是，我走不了。原因很简单，我没钱。我不敢身无分文地去一个陌生的城市。

好吧，说了半天，主要意思就是，我穷死了，又不安分，又狠不下心来攒钱，还好意思叽歪。

当然，我很清楚，钱还是要存的，哪怕花费的时间长一点儿。于是，我开始写东西。

我的目标是：等攒够几个月的生活费，我就去个大点儿的城市。接下来，我需要小川叔的指导。感觉我废话好多，说了半天才说到重点:我不是很确定,自己出去后干什么。

(以下省略3000字的工作经验介绍。)

所以,我该怎么办啊?我真的很崩溃,觉得自己什么特长都没有。最糟糕的是,工作一年多,我觉得自己什么都没学到,在职场上没有任何竞争力。

川叔回信

我来重复一下你的情况:

不管什么理由,在家荒废了一年,觉得没啥出息,浪费了时间;

对未来没做好规划,没存路费,所以想走的时候发现没钱,走不成;

即便出去了,也不知道自己可以干啥,内心惶恐;

自己不想成为小媳妇,不想要这样的人生。

总结完毕。

我直接说点儿实惠的吧。

第一，做好在家继续待一年的准备，每个月存200～500元，存够出发的启动资金。

第二，选好你要去的城市，去之前认识一个当地的朋友，不一定成为好友，好歹成为熟人，这样接站、帮你看房子总是有人的。

第三，用一年的时间寻找自己擅长的工作，比如网站编辑、图书编辑。

第四，和老妈沟通好，说你还年轻，不想一辈子待在小地方，希望出去走走。如果她可以给你一点儿经济支持，估计3个月就可以出去了。

想走出去，身上必须有钱，这是必要的。想工作，要有目标，至少确定你要去的城市，以及你要从事的领域。如果你要应聘网站编辑，每周就得关注各类网站，学习专题怎么做。你可以先模仿，后总结。

还要做好别的准备，万一网站编辑不行，你还可以干吗？文字编辑可以吗？杂志编辑可以吗？如果可以，需要什么技能？你心里好歹得有一个概念，至少知道文字编辑需要做什么。

多关注招聘网站。使用综合词搜索，查看你关注的几类职位的招聘要求，比对一下，修改自己的简历，尝试去投简历。企业通知面试你不去，和没有通知你，这是两回事。通知，代表你的简历合格；一周左右没有通知，你要反省自己的简历是不是有问题。

走出去是一个循序渐进的过程，最好的办法是，先在大城市找到工作，然后再从小城市出发。这样总比你拿着钱去某座城市现找房子、现找工作强。

此外，你还要调整好自己的心态。不服气是好事，但你要明白，你是因为不想成为家庭妇女，还是因为讨厌小地方的闭塞，才从小城市走出来的。你只有搞清楚这一点，才能看清未来的方向。

10年后，也许你依旧什么都不是，而且更可怕的是，你没有男朋友，没有高薪，在大城市里拿着4000元月薪。这时候你还能对自己说"我还有希望做到的事情，我还要继续努力"，这样你才有可能出头。要知道，90%的人都泯灭在大城市里，剩下的10%，只有1%的人遇到了机会，并且把握住了。

我们总爱说"成功很难"，其实生活更难，一直背负着梦想爬坡难上加难。我爬了10年,也想过放弃,因为太累。何必要做一个和大家不一样的人呢?所幸的是,我坚持了下来。现在的我,只是对比10年前的自己算成功,我知道还不够,还远远不够,但我已经感到很欣慰了。

至于10年后的你会如何,任何人都没办法预料。

人活着,不过求的就是自己看得起自己。有时候,我们忍住的那一口气,其实就是在和内心里的自己抗争。人活着,就是活给自己看的。我不想做一个连自己都看不起的人,所以即使双脚磨破也要一直走下去,即使孤单也要一直走下去。

记住你今天说过的话,写下的这封信。5年后、10年后再看一眼,无论那时的你是成功还是失败,都想想你说的那句话"我不想做一个油光满面的家庭妇女",然后问问自己,现在的你是什么样。

或许最后你会成为一个油光满面的单身剩女,或者油光满面的孩子他妈。也许每个人的结果都是油光满面,就像所有的大叔最后都会变老变丑一样。唯一不同的是,我们选的是自己努力的过程,哪怕大家的结果都一样。

临死前也要活出点人样

来信

川叔您好,之前看了您在豆瓣上说的关于毕业后找工作的心得,我有个问题想咨询您一下,希望您能给我一点儿意见,让我不再迷茫。

我是一个情商很低,内心很敏感的人,不知道这算不算小心眼。毕业一年多,工作比较开心,同事都很好,虽然没什么大功劳,但在部门中也积极地发光发热。后来我们大领导离职了,总部派了一个不会中文的领导,日常交流只能用英语。我的英语不好,属于可以听得懂,但说话只能蹦几个字的那种,所以跟大领导基本没什么交流。

前几个月,公司一个部门的资深前辈怀孕生孩子,离职了。后来听说，她是跟公司合约期满，公司不想跟她续签了。

我心里一直装着这件事，生怕合约期满后，我也不能续签，内心无比恐慌。我是不是有点儿杞人忧天了呢？

现在带我的小领导也怀孕了，什么事情都由我来承担。我感觉自己一下子责任重大，压力山大。

上周要做一个展示，我很用心地拿着之前小领导设计的图纸进行陈列展示。但是第二天大领导看了后不是很满意，后来又去做了调整。当我发现布局跟设计图纸不一样时，我瞬间感觉受了内伤，心想：大领导会不会觉得我连这点儿事情都搞不好，还要麻烦他亲自出马，这样的下属还能干什么？

我感觉前途黯淡，经常想着两年后自己被扫地出门的情景。朋友安慰我说："人家花了两年的时间，把你从职场小白培养成有经验的人，肯定不会轻易开除你的。而且你的工资这么低，人家也不在乎这点儿钱。"话虽有点儿道理，但我又想：人家直接找个有经验的不就行了嘛。

川叔，我该如何是好呀？我现在满脸冒痘，徘徊在崩溃的边缘……我的负面情绪是不是太多了？不好意思哈，希望不要影响川叔的心情。

川叔回信

你是一个"傲娇"妹子（外冷内热型的女孩子），你的担忧纯属杞人忧天，明明要升职，却还要装娇羞。

离合同期满还有很长时间，对吧？这期间你的各种领导都"消失"了，你终于熬出头了，有机会接近大领导。但是这时候你开始装文艺，开始自我怀疑：我长得不好看，又没有什么特长，领导凭什么要看上我呢？

你这个样子真的好像没出道的安陵容啊！可惜这个世界上不是处处都有帮助姐妹的甄嬛。

川叔建议你给老妈打个电话，一般你这样的"傲娇"妹子都会有一个果断的老妈。请让老妈吼醒你！

进个大公司很了不起。那么，进了这么了不起的地方，你也应该了不起，对吗？为什么到了出人头地的时候，你却打退堂鼓了呢？你没自信了吗？

把你一年的所学都用上啊！不要动不动就想不续约的事。如果你重要，公司肯定会续约；如果你什么都不是，那么公司不跟你续约也是迟早的事。所以，续约不续约取决于你对公司是否重要，对吗？

现在能体现你价值的，就是目前的机会。这一年你学了啥？眼光、本事、基本功……拿出来秀啊！

领导也是人，好的东西大家都爱。不要说什么手下工人不给力，不能按照你的意思做事这种蠢话，这不是你第一次负责案子，也不会是最后一次。手下工人不给力，你就催他们，改到你满意为止。你要定时去检查，不要到最后才大吃一惊，着急什么都来不及。自己不给力，就不要怪领导甩给你一万个白眼。

有没有本事，不是一次失误就能判定的。但是，你如果每次都失误，就提前做好被踢出去的准备吧。

所以，与其杞人忧天，不如有"合约到期自己要被开除"的觉悟。拿出"临死前也要活出点人样"的态度去生活吧！

加油吧！

在保证"温饱"的基础上,去努力靠近理想

来信

不知道该怎么称呼你,所以还是先说声"你好"。

我想简单介绍一下自己的情况,希望你能帮我分析一下,可以吗?

我是一名毕业差不多两年的大专生,所学专业是服装设计。刚毕业时,我找工作找了很久,刚开始找的两份工作都只做了几天就离职了。第三份工作是设计助理,公司是个私人工作室,人不是很多。我的工资是4000元。我在那儿待了8个月,工资一分钱都没涨,临近过年我辞职了。

过完年,我一时冲动,和三个朋友开了个设计工作室。刚开始我们信心满满,但两三个月过后就筋疲力尽了。没有太

多的人脉和资源,生意一直起不来,大家也没心情工作,每天闲得无所事事。我去便利店做兼职,才能勉强维持自己的生活。最终,我们没信心再坚持下去了,于是关闭工作室,分道扬镳。

我拿着最后结余的6000元另外找了房子,搬了家,依旧在这座城市流浪。我仿佛又回到了刚毕业时的样子,每天投简历找工作,四处碰壁。

上个月,我发现一家做针织用品的公司在招客服,就去那儿上班了。公司不算特别大,所有部门的人加起来差不多有50个人。但我所在的电商部只有我和一个美工,之前的主管在我来的时候辞职了。我每天的工作就是保证旺旺在线,很闲,试用期3个月,工资4000元,转正后5000元。

我在附近租的房子,房租是2500元,不买化妆品,不买奢侈品,每天自己做饭,生活费刚刚够,但存不上钱让我很恼火。虽然女生稳定点儿好,但我总是很纠结,不知道究竟想要什么。

我是个性格内向不爱说话的女生,父母在外面工作也很辛苦,所以不想麻烦他们。我的朋友很少,只有一个大学时认识的比较要好的姐妹。有时候她给我很多正能量，她理解我现在的处境，但无能为力。我特别想让自己的生活有所突破，但找不到出口，所以很迷茫。

这就是我现在的样子。

川叔回信

看到信的结尾，就知道你是一个有点儿内向的人。看在我们大学都是学服装设计的分儿上，握个手吧。

关于理想和现实，我是这样建议的：你如果很爱你的理想，就在保证"温饱"的基础上去努力靠近它。努力靠近的意思是什么？就是为了学到点儿东西，积极地当别人的小跟班。你想学东西，就不要怕辛苦，更不要怕被骂。

同样4000元的工资，但工作可以不一样，一个客服和一个助理的区别有多大，我想你应该知道。关键是，辛苦做3年助理离职后能做什么？做3年客服可以学到什么？你自己心里应该有数。

我大学毕业第一年都在做与我所学专业相关的工作，所有和设计不相关的工作都不做,哪怕工资再少都要做设计。做了一年,我决定放弃设计行业,因为我觉得设计不适合我。

决定放弃后,我就问自己:除了设计我还能做什么?后来我选择做文字编辑。我觉得我擅长,我可以,之后就找了这方面的工作,直到现在我都不后悔。虽然我的大学同学有做设计做得风生水起的,但是我不羡慕。

追求理想是需要付出代价的,放弃也需要。放弃理想,你不仅需要付出代价,还需要明白:要立刻找一份可以填补的工作。

所谓内向外向,其实只是性格特征不同,内向并没有什么不好,内向的人一样可以把工作做好,并且可以改变。一个月给你8000元,让你去和别人打交道,你为了这份工资也会去努力改变自己,适应工作环境。很多人不去做销售,害怕的是每个月的淘汰和工作压力。

有些事,早经历,才能早成长。有些东西迟早会来,只是或早或晚而已。或许你会说"我现在不想承担啊"。你可以选择在30岁以前很悠闲地生活,那就要接受30岁以后更加忙碌且疲惫不堪。

生活是最公平的大学。你如果平时懒散,到考试的时候就会手忙脚乱,最终勉强拿到及格的成绩。你如果平时吃苦,到了人生转折点的时候就会轻松一些。

为什么有的人到了中年依旧活得不快乐?干着一份平庸的工作,整天对很多事都不满意,不停地抱怨……因为他们年轻的时候贪图安逸,经历得太少。

生活,就是这么公平!怎么选择都没有错,但你要对自己的选择负责。你的人生,别人无法代劳。

你缺的只是勇气

来信

川叔,你好,见邮开心!

我关注你的职场日志已有很长时间。对职场新人的我来说,你的职场日志的确有不少帮助。

我发这封邮件,是想向你咨询一些问题。我是去年毕业的大专生,学的是会计专业。毕业后,我进入一家中国500强公司,被分到了集团在我家乡开设的分公司,公司的制度和福利都比较完善。但是,我一直在纠结几个问题:

1.因为没有经验,也没有老会计带我,所以上司交代的很多任务我都需要查很多资料、走很多弯路才能完成。这导致我压力异常大,有时候做梦都在想第二天的事情。

2.公司名义上的会计在别的分公司坐班，我的职位是出纳。会计每月月初来一次，检查我上个月做的账是否有问题。我每次都坐在她旁边，希望学习到一点儿东西。可是她出报表的速度很快，态度一直比较冷淡，不理会我的提问。对于我的请教，她会说："你要自己去学习，我当年也是自己摸索的。"我尝试自己学习，拿报表回家一项一项地看。月底，我自己结了账，希望她看看我做的报表有什么问题。她来了，看都没看我做的报表，就直接删除了，然后按她做的报表出，说下次等她来再结账。我很难过，不知道该说什么。这个问题是我现在面临的最大问题。

3.年前我去了公司总部一趟，财务总监找我谈话，说有意向让我接手本公司的财务，但需要参加培训。我很珍惜这次机会，但又怕自己的能力不够，达不到上级的要求。初入职场，我总是想尽快提升自己，希望自己变得很专业，希望得到肯定，但还是会犯很多错误，会被上司骂。而且，我觉得周围的同事冷漠又严肃，一点儿人情味都没有，我只能慢慢适应。

希望川叔在百忙之中指点我一下，帮我调整一下心态，使我不要这么心急，慢慢来才能走得更稳。其实我只是想找人诉说一下，让自己淡定些。因为我知道，别人的指点只能起辅助作用，真正起作用的还是自己，只有自己才能解决自己的问题。

川叔回信

其实你的问题很简单，80%来自心态。

你说的问题1，不就是工作压力吗？500强企业，那是人人都想进的呀！越是实力强的企业要求越多，压力也会越大。没有压力，哪里来的成长呢？

我们暂且把你这个问题定义为"撒娇型叫苦"，就是喜欢和欧巴说："欧巴！人家做不到啦！"这时候欧巴会说："加油！你一定行的。"

你以为是狗血剧啊！生活里哪有这样的欧巴啊！一个有实力的企业需要的人才不仅仅具备高超的技能，还需要抗压能力强，可以抵御惶恐的超强自信心。

问题2，为什么同事之间的关系很冷漠？这是很简单的沟通问题。新人初入职场，不要总把自己放在韩剧女主角的位置上，受不了别人的白眼，受不了别人的嘲讽，受不了批评，遇到挫折就会仰头问天："为什么大家都欺负我？"

人家为什么要帮你？你说人家不理会你的提问，我觉得她的潜台词是"小姐，你能先搞清楚基础知识吗？我帮了你，你又不付钱给我"。

所以，提问不是让你很傻地去问，什么问题都问。人家又不是大学老师，你也没花钱，对吗？提问前，你要先做足功课。你也许会说："我自己琢磨，万一走了很多弯路怎么办？不是白耽误功夫吗？"你自己不多绕点儿路，哪里会珍惜学到的东西？

别人和你分享的是什么？是经验。经验就是，当初人家错了100次，咬着牙、背负着打击总结出来的东西。你一个新人上来就说"哎呀，我不懂，你要教我呀"，恨不得一秒之内就获得答案。换作是我，估计也要和你说："你敢先去碰几个钉子再说吗？"

你要花心思去研究，去努力，去死磕，尝试了N种方式之后，在无计可施的情况下，才可以用"场外求助牌"，不然对方不会理你。

如果对方肯告诉你，可能有几点理由：第一，她人真的很好；第二，你们的私交很好；第三，你真的很会做人；第四，你长得很讨人喜欢。

怎样搞好私交，需要你自己去领悟。怎么表现自己的诚意，这一点我也不再多说了。

至于你说的她"看都没看我做的报表，就直接删除了"这一点，需要你和她沟通一下。是不是因为你做的报表不符合规范？会计是比较专业的门类，我不太懂。你最好确认一下。

你不用在意对方的做法，要摆正自己的心态，想办法搞清楚：这次我做得不对，那么下次我要怎么做？正确的流程是什么？我需要提前准备什么？你要放低姿态，承认自己不懂，抱着虚心的态度向她学习；让她对你提出要求，自己努力做了之后等待结果；被否定后不要沮丧和气馁，让她点评自己的不足。情绪崩溃什么的，没有意义，只是浪费时间而已。

问题3，公司为你提供培训，这是多好的机会呀！当然要去！什么？你担心自己干不好？你还没干呢，就打退堂鼓了。

这就像人家给你一块地，你还没播种就担心收成，不觉得担心得太早了吗？

你应该找张纸，把自己所有的困惑都写出来，然后问问自己：现在面临哪些问题？什么是情绪上的？什么是技术上的？罗列出关键词，你就会厘清自己眼下面临的主要问题是什么。

你习惯性地把明天、后天甚至明年的问题都混在一起，导致自己崩溃，这完全没必要。你要学会切分，先关注自己当下要解决的，切掉负面情绪，以开放的心态迎接变化。

能进入一个中国500强企业，是对你自身能力最大的肯定。如果你在这个企业无法存活下去，不是因为你的能力不够，而是因为你不够坚强。你需要的不是多强的技术，而是勇气。

要学会给自己鼓劲，姑娘！如果我没有看错，你的头像是宫崎骏《龙猫》里的妹妹吧！学着像她那样，无畏无惧，愿望必达！

请一条路走到黑

来信

川叔,你好。抱歉,打扰了。

我现在很迷茫。我本科读的是医学专业,现在快毕业了。我本来准备读研,一步一步在医生这条路上走下去。可是,我到医院实习后才发现:每天看到那些痛苦的人,奄奄一息地躺在病床上,很影响我的情绪。我每次工作完都会感到很抑郁,越来越觉得自己无法胜任医生这份工作。但是,除了医生,我不知道自己以后还能做什么。父母都认为,既然我学了这个专业,苦读了5年,就应该继续走下去,以后好好做个医生。

高考填志愿的时候,我想学医就报了医学,没怎么考虑过以后找工作的事情。现在我开始认真考虑这件事情,一想到要做一个医生,心底就不停地恐惧和焦虑。

我知道,对于医学这个专业,你了解得可能不是很多。但我最近情绪失常,迫切需要找一个出口释放一下。谢谢你耐心地看我的絮絮叨叨,期待你的回复。

川叔回信

你自己都说,学了5年,如果不做医生,还会干什么?我觉得你只是害怕面对生老病死,消解不了痛苦而已。

生老病死是自然规律,谁都无法改变。我觉得你缺少成功的案例,比如,你经手的病人因为你的治疗而病情好转。

的确,每个人都有心理极限,但你还没到那一步。

行医者,多半是需要有治病救人的责任感的,即便以前没有,以后也会慢慢找到。退一万步说,你即使以后并没找到治病救人的责任感,或许也会找到行医的乐趣。如果你连乐趣也没找到,那么,学医5年,还要考研,花费七八年的时间,你图什么?

你遇到的人生问题或许我不懂,但你不能不懂。七八年的时间，学任何一门手艺都能学会了吧？关键是，你要学什么，你找到了吗？任何时候开始都不晚，就怕你没热情。如果到现在你都找不到另一条路，就请你在这条路上努力走下去。因为，你无路可走，只有医学。人生最怕的不是换一条路，而是只有一条路，你却边走边犹豫，最后连唯一的路都没走好。

希望以上的话对你有点儿用。

什么都没想过,你就敢辞职吗

来信

川叔,你好!

我准备明天裸辞,这几天一直对此很纠结。

我今年26岁,大龄女青年一枚,毕业后一直在一家单位工作,到现在干了3年多。

我工作的单位是国企县级市的分公司,工资4000元。2016年8月,跟我一起入职的人大都离职了,我接替离职的组长的职务,工作不顺利,工资没组员高且烦琐的事情特别多。这让我第一次有了辞职的想法。我跟父母说了自己的想法,他们不同意,认为领导让我干组长,是领导认可我的能力,现在辞职不合适,而且还没找到好的下家。

后来，我内心一直抱着辞职的想法，工作很不开心，其间有两次职称考试因为不重视没考上。2018年夏天，我又一次跟父母提辞职，闹腾了几天又去上班了，依旧不开心。

今年1月1日，我突然被通知调岗，交接工作两天，去其他部门，成了普通员工。为什么被调岗，至今我都没搞清楚。我想，应该是我没跟上新来的总经理推行的新营销模式的节奏。

1月3日那天早上，我起床后心里还是无法接受调岗的事实，于是给副总打电话请了两天假。两天后我去上班，发现新部门的主管在总经理那里告了我一状，把我本来就很糟糕的心情弄得更糟糕了。整个1月份我都没有好好上班。其间，我跟父母再次提辞职，他们勉强同意了，可是我爸基本上不理我了。说白了，他们心里还是不同意。

新领导上任后，公司人员变动很大，我一时没跟上节奏。本来我一直认为做好自己的工作就好，现在发现我错了。在一个没有能力的人手下干活儿，让我感到很难受。我根本没有心思上班，每天混日子，等待下班。

春节前，我跟副总提过辞职的事情，副总一直对我不错。他说，我的主管的领导能力很一般，我表现一向很好，就是凡事太认真。我说,我没心思上班了,就是来混日子的。他竟然说,那就先混着,等找到下家再说。后来我很坚决地说,年后初八就离职。他让我再好好想一想。

工作这几年,我其他没学会,只会我们公司那套系统,估计公司没人比我更熟这套系统吧,可是出去就没什么用了。

我一直都有辞职的冲动,可是我没有找到下家,没有想好下一步要干什么。我已经没心思继续留在这家公司了,但我说服不了我爸妈,他们不想让我辞职。我26岁了,还没有对象,在我们这里算是大龄剩女了,辞职后可能更不好找对象。我们家也没有能力为我找更好的工作。

我爸现在不理我。因为辞职和找对象的事,我跟我妈也吵了一架。我一直觉得自己很没用,毕业到现在一直过得不怎么好,年纪这么大了思想还不成熟。我现在只想说服我爸妈同意我辞职,再慢慢找工作。

明天我就要去辞职了,我应该怎么说服我爸妈?

川叔回信

首先，你26岁和辞职没关系。其次，你辞职和家里人没关系，不要总向家里人报告。最后，你辞职和下家有关系。

人家离职，你也想走。人家离职后有工作，你辞职后回家吗？你辞职后怎么办，找什么工作，你认真想过吗？

你知道自己为什么找不到下家吗？因为你从头到尾都不努力！3年多，工作成这样，落得被调换工作岗位的地步！你需要认真反省一下，不要动不动就想辞职。辞职后，即使你换一家单位，结果也是这样。谁喜欢3年不提高反而越来越落后的员工？

请你告诉我，你的核心能力是什么？你擅长什么？辞职后你打算从事什么行业，做什么职位，你想过吗？你什么都没想过，就不要轻易辞职。

我再问你，你的简历够完美吗？你在网上投过多少简历？你参加过面试吗？你可以问一下自己：你的求职范围是什么？如果一个月内没有收到面试通知，你需要如何扩大求职范围？你每天应该投多少简历？你还可以去做哪个领域的工作？以你现在的水平，你期待的工资是多少？你现在从事的行业，普通待遇是怎样的？

这些你都了解吗？

我就不相信，如果你把一切都理顺了，给自己规定几个领域，之后在几大知名招聘网站上每天投三五十份简历，一个月下来，你能没有面试通知？我也不相信，你舍弃现在月薪4000元的工作，找到月薪6000元的工作，父母能反对，拦着不让你去？

你知道你现在的状态吗？这就是典型的闹情绪。你还和父母吵架！你要知道，你现在的状况不是父母造成的。父母担心你离开了这家公司找不到工作。所以，你要自己争气！"争气"不是让你现在辞职，是让你把过去3年多的工作经验梳理一遍，总结一下。你要大方承认自己的短板，然后努力弥补。

别问我简历怎么写，百度上有一堆。没人教你化妆，没人教你某部韩剧的演员是谁，你都能知道。拿出点儿热情和劲头，把自己工作的事儿整一整，好吗？

人生如初，姑娘你在怕什么

来信

说起来，我遇到的都是一件件小事。但对于我这种有点儿敏感又不够强大的女生来说，小事接着小事，就让我失控了。

论文的数据，我整理了很久也没搞定，然后悲观情绪上来了：我花这么多心思写这篇论文，有什么用呢？谁会看呢？

导师一直对我很好，但我有时候不免会想：口头上的好就像空头支票一样，既让人抱着希望，勤勤恳恳地做事，以为能收获点儿什么，又容易让人失望。

我现在读研二，还没到考虑就业的事儿的时候。但我看着别人糟糕的就业形势，立马移情到自己身上，感到心情沉重、焦虑、无望。

最恐怖的是，我特别怕自己找不到心仪的工作。坦白说，我背景不差，读的是名校，硬件都过关，拿过大奖，办过社团，出过杂志，跟着NGO（非政府组织）跑遍了中国的山村。但是，一提到工作，我就特别紧张。

我如果没有找到一份工资尚可、发展前景好、自己又比较感兴趣，并且不能累到吐血的工作，就会不知所措。

我知道，如果别人给我发一封这样的信件，我会火冒三丈，觉得这个孩子太不知天高地厚了。刚参加工作，你要踏实啊，努力啊，注重成长啊。

可是怎么办呢？听到朋友发回的消息，我就不由得感到害怕。做国企的财务，虽然能落户口，但要论资排辈，不知道什么时候才能熬上去；做投行证券咨询，似乎能把人累死，靠行情吃饭，一不小心还会被裁掉，太没安全感了；回家找个学校当老师，可看着姐姐整天无聊地哄孩子，又感叹，一辈子只能这样吗？

川叔，我身边还有比我更优秀的同学，看着她为了一个柜员的工作半夜上网申请，特别心疼。我们并不是好高骛远，不肯踏实做事，更不是吃不了苦，只是害怕看不到希望。

我和同学们也经常讨论这样的话题，他们各自有各自的难题，都会焦虑，灰心难过。比起我的同学，我最大的弱点是抗压性太差了，无法控制自己的情绪，很容易受伤。

优点与缺点是相互的，好的地方就是，我考虑问题比较周到，做事情比较细致。但现在，我考虑过头了，一点儿小事都会来回琢磨。我很讨厌这样的自己。

传说，喜欢文艺的人都这样，敏感又脆弱。川叔会这样吗？怎么克服？

川叔回信

坦白说，每天的来信，有一半是类似你这种宣泄情绪刷存在感的。我之所以回复你，是因为你写的那句："我知道，如果别人给我发一封这样的信件，我会火冒三丈……"这句话算是换位思考吧。

正如你说的那样，你一面很理智地明白道理，一面又纠缠在负面情绪里不能自拔。我估计我的回信同样不起作用。我虽然明白我的回信毫无意义，给不了你任何工作机会和实际上的帮助，甚至可能连安抚情绪都做不到，但还是在这里洋洋洒洒地写个没完。你说我们本质上是不是都有做无用功的潜质呢？

人生有很多第一次：第一次去幼儿园，第一次谈恋爱，第一次旅行，第一次出国……第一次，是一个状态。

没经历的时候，或许会期待、兴奋、焦虑、难受，我称之为忐忑。我和你一样容易焦虑，而且很容易焦虑过度。即便现在人到中年，我依旧习惯性地感到焦虑。比如，昨晚睡觉前我就在想，升职后要补充人手，把原本的工作切分给手下，那我能做什么？我给自我的定义是典型的复合型自卑人才。看似全才，其实不过是什么都想做，以此来找存在感罢了。这种人最大的长处是，可以做很多事；最大的短处是，不能单独做一个领域。不是他们不可以，而是他们不自信。

是的，不自信。这是一个很可能伴随你我一生的词语。虽然我演讲过很多次，很多人说我成功，但只有我自己知道上台前后背流汗、心跳加速的样子，在别人看不到的地方努力挣扎，只为了做到最好。

人活在世上，难免会被比较，难免会有焦虑。尽管教科书告诉我们，你设想的那些可能90%都不会发生，但是那句广告语怎么说来着,一旦你想到未来,种种负面想法就根本停不下来。

我很想说,姑娘,做一个乐观开朗、积极进取的人吧!但我没这个资格。因为我就是一个容易焦虑的人。

我的下属分担了我的工作,我却没办法享清福睡大觉。因为我不敢。我虽然把原本负责的项目交出去,会有万般不舍,但不得不放手,因为我要掌控全局,抓大放小。我让下属负责项目,就意味着放权,我不能再指手画脚了,因为每个人都喜欢收获与成就感。即使前面是一条弯路,也要让他自己走。你如果不让他走,他就记不住,下次还会再犯同样的错。所以我能做的就是,和他一起承担后果,之后鼓励他再来一次。

我要考虑如何培养得力的下属,承担他造成的后果,还要权衡几个下属之间的关系,使他们彼此合作,关系融洽。下属在成长的过程里,我还要做到不被代替。

有时候,不是你停不下来,而是别人逼着你成长。这个念头让我在今天早晨5点多醒来后就再无睡意。我一个人呆坐在客厅,打开台灯,翻看手机。我想找个人说点儿什么,却不知道打给谁,也不知道从何说起……或许这和你给我写信时的心情一样吧。世界上有两个东西没办法与人分享，一个是寂寞，一个是成长。

20多岁的你和40多岁的我，虽然处在人生两个不同的时期，但我们面对的或许是同一个问题。

我在人生比较难挨的时候，去参加了一些心理学的培训，翻阅了一些书籍。我度过那段日子，回头再看的时候，才发现，这些培训和书籍不过在告诉我们：要学会接纳。

生活就是五味杂陈，你就把这个过程当作一个独特的味道品尝吧。

问问自己，你最怕什么。我时常这样问自己，在每个苏醒的早晨，在每次受到伤害的时候。我现在这么忐忑，究竟是在害怕什么？我害怕大家不喜欢我，害怕做不成一个好领导，害怕承担不了下属犯错的后果，害怕失去现在的一切……

然后，我把这些害怕一一记下，之后再一一反刍。

我害怕大家不喜欢我。谁能做到所有的人都喜欢你？尝试和不喜欢你的人做同事，也是一种磨炼。

我害怕做不成一个好领导。那你觉得谁是好领导？总裁是吗？董事长是吗？你是不是也觉得他们都有各自的缺点？没人可以做到完美，你所看到的和你感受到的或许是两回事。

我害怕承担不了下属犯错的后果。所谓的后果就是一次失败，不是吗？如果连一次失败都承担不起，那还叫什么人生？

我害怕失去现在的一切。失去这个东西，根本就不是我所能决定的。也许在老板没开除我之前，我已经率先开除了他。我失去的只是一个职位。哪怕我换个地方，得到一个低职位工作，谁能说我不会获得更多的时间和快乐？

我想明白了，天也亮了。我找不到人诉说，就尝试着和自己说话。慢慢地，我发现自己内心没有那么忐忑了。

我到现在都无法总结一个标准答案给你。因为爱纠结的人会有一系列的纠结。面临毕业，你会问：毕业后怎么办？之后你还会问：找不到男朋友怎么办？结婚没房子怎么办？结婚后生孩子怎么办？孩子上幼儿园怎么办？老公不爱我了怎么办？孩子上不了好的小学怎么办……

人生里有很多的第一次，我们无法避免这些，也无法抑制那种面对随时可能到来的第一次的忐忑心情。

"勇敢"这个词是一个老土组合，但是它永远都不会过时。请勇敢地和你的忐忑共处吧！压缩在人前的表现，留点儿单独的时间给自己。你可以在临睡前,也可以在早起后,问问自己:你在怕什么?还有什么可怕的?

释放情绪有很多种方式。大哭和吵架无疑是最差的方式,运动是最有效的方式。当然,文艺点儿的人,比较喜欢川叔这种分裂式的自我对话。

没有谁可以一直帮你,陪在你身边。能24小时给自己安抚的,只有自己。

人生如初,姑娘你在怕什么?放宽心,妹妹你大胆地往前走吧!

别老拿假设说事儿,那是个伪命题

来信

川叔,你好。如果你在百忙之中还能抽空浏览我的信件,那就说明你还是有空的。开个玩笑,莫生气。看到你的日志,我很有感触,也学到很多。我想真心向你请教几个问题。如果你能够耐心回答,为我解惑,那真是太感谢了。

第一,性格与工作有必然的联系吗?我在书上看到两句话:不要试图改变你的性格,而要改变你的工作方式。不要做不适合你或者你做不好的工作。我对此感到很疑惑。因为我的性格偏内向,甚至有些软弱。可我偏偏喜欢、期盼着做一些类似销售这样的需要懂人情世故、善于交际的工作。我不知道自己是否在朝着一条错误的道路前进。

第二，对刚毕业的人来说，职业和行业哪个更重要？某大老板说先定行业更重要，我一直对此深信不疑。只是我并不十分理解这句话的意思。他的意思是说，只要我定下来一个行业，将来在这个行业中的各种岗位、各种职务上都会有发展的机会吗？

我觉得这还是挺难的。比如，我进一家房地产公司，先做置业顾问，做了两年，难道我还能转去做人力资源吗？再做两年，我还能转去做财务或采购吗？

第三，面试中"职业规划"这种问题要怎么回答？尤其是我打算转行，对这个行业不了解，对这份工作也不甚了解，面试时怎么回答面试官的这个问题呢？

川叔回信

第一个问题。人没有所谓的固定性格，职场可以打造你的第二性格。做自己喜欢和擅长的工作，开始不难，但刺激不足；做自己向往的工作，开始很难，但成就感很大，不足之处是，不自信的人往往会纠结为什么要自讨苦吃。

第二个问题。毕业选行业和结婚选对象一样，很重要，但也不是很重要，关键是你怎么看。毕业生找工作，考验的是自我认知和规划。有人想要赚大钱，就去做销售，后来发现销售的门槛低，竞争大，整天累成狗，这些人只是眼高于顶而已。有人压根儿不规划，随便找工作，于是一晃就到了结婚的年纪。

人生需要交学费，你想太多，步步为营，并不一定会成功；你压根儿不想，就一定会满盘皆输。

我在30岁以前，全都在试验，不是试验自己适合啥，是让自己明白，啥是看着好但不适合自己的，啥是自己想做但做了发现也就那么回事的。但我只是个案。

第三个问题。转行跨职业都可以，只要你可以从头再来。

最后，我想问，你听过《小马过河》的故事吗？这个世界很容易获得幸福的是直接下水的傻瓜，因为他们简单，这里水太深，就游到那里；容易获得幸福的还有一次一次失败再爬起来的人，因为他们不害怕。

你知道最不容易获得幸福的是什么人吗？就是和你一样，没做就问东问西的人，因为他们怕疼，怕受伤害，怕走弯路，往往这样的人也最容易被淹死。

没有经历疼痛，叫什么人生？

工作4年,忽然很想辞职

来信

我是一名电台主持人,没毕业的时候就进入电台,现在已经工作4年了,从市台跳到了省台。在省台,因为制度的问题,我一直没办法转正。我工作得不开心,想试着寻找新的生活,去新的城市打拼,抛开主持人的光环,重新做自己,挣钱,活得更有尊严。可是,我对未知有些迷茫和害怕。

川叔回信

摸头,川叔先抱抱你。

我们脱离原有的环境时,需要极大的勇气。你敢这么想,敢去行动，就说明你已经是一个很勇敢的人了。

川叔早年也是地方电台海选的主持人，毕业的时候也考虑回老家做电台主持人，但是和你一样，因为没有编制，最后思前想后还是放弃了。后来我来到北京，孤单寂寞的时候，做了一档网络广播电台，自己安慰自己，圆当年没放下的梦。

我不知道现在的你是如何判断自己的。因为我看到你在提问里写了"光环"两个字。做自己喜欢的事情，会有自信。如果不做主持人，你会变得不自信吗？

辞职需要勇气，未来需要规划。如果你问我："川叔，我到底适合做什么？"说实话，我也不知道。你需要去试。如果你问我："川叔，那你有什么可以提示我的吗？"我这边有。

1.不论金钱还是特长，先总结自己有什么。

如果你打算去外地，先盘点一下你存了多少钱，想去哪座城市，那边的生活费用是多少，为什么去。

之后，问一下自己：如果不做主持人，还可以做什么？网络电台节目主持人可以吗？这个方面你自己了解过吗？销售类的工作会考虑吗？大学学的是什么专业？还打算从事这方面的工作吗?

如果去新的城市找工作,你能依赖的是自己做得最熟的工作经验,以及自己大学所学的专业。如果不依赖专业找工作,你就只能依赖沟通类的工作立足,比如销售、客服。

2.如何知道什么工作适合你?

做得开不开心?赚的钱是否让自己满意?这两点会直接告诉你,这份工作适合不适合你。

也许你会问:如果我是因为自己是新手,不熟悉业务,怕吃苦而不开心呢?这一点是你开始找工作、面试的时候首先需要解决的问题。

你投简历、面试的时候,需要解决一个问题:为什么你觉得自己能胜任这份工作?

你解决不了这个问题,就通过不了面试。

比如,为什么我想去做销售?因为我觉得自己沟通能力不错;我觉得销售和人打交道,对我是一种锻炼;销售的提成比较高,但是压力也比较大,我不知道自己能不能扛住,但是我想试试。

如果一个人连自己工作的理由都找不到,那他做任何工作都不会长久。如果你找到了一个理由,对方也给了你机会,但是压力超过你的想象,你做得不开心,这时候你就需要重新考虑一下,看看自己到底是真的不合适,还是在撒娇畏难。

我为什么来这里?

我当初来的目的达到了吗?

现在很难,熬过之后会变得容易吗?

这是我打算在未来一直从事的行业吗?

我学会了这个,还能通过这个得到什么呢?

你仔细考虑过这些,就一定会做出判断。未来不可怕,可怕的是没有目标地蒙着眼瞎走。怎么找到目标?要先走。走一步,走两步,走三步,摔跤了,你至少知道"哦,原来只是这样,摔不死人"。不要怕摔,摔倒了再站起来,继续坦然地向前走。

别怕,你没什么方向的时候,就从你能做到的开始做起。每个人都是一步一步走过来的。

离开北京去外地工作,真的值得吗

昨天晚上,和我一起上香港大学的一位同学在微信上问我:现在我有一个特别好的机会,能让我突破自己的职场瓶颈,有很好的发展空间,但是工作地点在广州,需要离开北京和家人。我在犹豫,不知道该怎么办。你有什么建议吗?

从职场咨询的角度来说,我们在选择去其他城市工作的时候,犹豫往往代表我们有所顾忌。那么我们顾忌什么呢?我认为有两种,一种是情绪上的,一种是对未来的预判。这两点都有解决的办法。

坦白说,非心理咨询师很难解决情绪根源的问题。对自己不满的人,往往会夸大机会的唯一性。比如,这可能是"我改变的唯一机会"或"最后的机会"。仿佛错过了这个机会,你一辈子就会这样了。这无形中抹杀了自己成长的可能性。这一定不是你最后的机会,而你也不可能一辈子这样,要么变好,要么变差，怎么可能一直这样呢？

还有一种情绪是逃避。你之所以夸大机会的好，是因为机会代表着未知。而这个未知往往是和现实对立的，也就是说，目前你可能过得不太好。我们拿现实里的不好，去对比未知里的好，这个比较有失公允，很容易产生认知盲区。

我一旦发现自己陷入这个模式，就会逼问自己：我现在面对的是什么情况？是不是换一个环境就能解决？如果这种情况还有可能发生，我有没有办法从根源上避免其发生？

比如，你和同事处不好关系，待在这个平台很闹心，因此你打算换个地方。如果你打算去的那个平台有认识的人，你就会夸大这个人的熟人印象，而忽略这个熟人之前之所以和你好，是因为你们不曾针对某一个问题做切分。换句话说，你们之前是朋友，那是基于爱好。如果你们以后变成了上下级关系，你是否能接受对方发号施令的样子？很多关系不错的闺密、朋友合伙做生意，很容易赔本，并失去友情，就是因为他们没有考虑这个层面。

什么是别人的问题？什么是你自身的问题？如果不搞清楚，就会带着未解决的问题去下一个地方。在下一个地方，你与新同事又会产生矛盾。而你不可能次次都认为那是别人的问题。

如果你的顾忌属于对未来的预判，怕自己失败、摔倒，那么也有解决的办法。比如，前几天一个小伙伴问我："我一直都做前端的工作，现在有机会做管理，但是我很怕做不好。川叔，你说我要试试看吗？"

我的回答："为什么不呢？"如果失败了，不过是退回原点，而大多数情况你不会退回原点，只会比过去更进步。

如果担心做不好，做坏了，那么不妨把"坏"当作一种经验。有些失败，你是希望年轻的时候经历，还是希望年纪大了再经历呢？失败这件事无关乎年纪大小，这是个试错概率的问题，不是你年纪更大、更成熟了，就不会翻车。如果你之前没有经历过失败，等到年纪大了之后再经历，往往代价会更大，不是吗？

在做重要决定时，你需要问自己两个问题：你做这件事的根本目的是什么？你要付出什么？可以得到什么？

问一件事值不值得做，就是在衡量你的付出和收获是否对等。很多人都无法客观量化出"会失去什么""能得到什么"。为什么这么说呢？因为人在情绪的支配下考虑问题，会夸大得到的，而忘记风险，或者夸大失去的，而忘记解决办法。

我遇到这种情况，也会问自己：我能得到什么？有什么风险？这个风险是可承受的吗？我会失去什么？做了这个决定对我以及家庭有什么影响？我有什么补救措施？做这件事，我的根本出发点是什么？

有的人处于职场上升期，求名求利；有的人处于职场平稳期，求感情稳定、家庭和谐。人处于不同阶段，会有不同的目的。

选择，意味着非此即彼，真的是这样吗？

去别的城市工作，担心婚姻会出现问题，不去又感到很痛苦，觉得在职场中没有成就感。真的是这样吗？

即使你不去别的城市工作，如果不用心经营感情，婚姻也有可能出现问题。你不自信，不努力提升自己的价值，你的魅力就会下降，夫妻相处时间久了，疲倦感和麻木感会代替新鲜感。适度的两地分居不一定是坏事，也许会给彼此创造一定的空间，有小别胜新婚的窃喜。

你的职场成就感，换一座城市就能增强吗？你渴求的是离开现在这个不称心的工作环境，换一个如意的工作环境，还是做出一定的成就，被认可，变成理想的自己呢？人到中年，事业处于瓶颈期，原因是多方面的。换一座城市工作，不一定能解决根本问题。

你可以找你的直属领导或者团队里比较信任的人聊一聊。如果你对自己的价值有所怀疑，不妨问问你的直属领导："你到底看中了我什么？"然后再对标看看，对方看中的到底是你的真实实力，还是你一直营造的那个理想的自己。

更换城市，影响最大的可能是人际关系。首先是朋友关系、圈层关系。自我判断一下：你是什么样的人？外向型，还是内向型？你可以成为焦点吗？乐意成为焦点吗？你的圈层是依靠日积月累得来的，还是依靠你被领导赏识得来的？

如果你一直处于人际关系的焦点，新的圈层的建立就很容易，因为资源和圈层都有向心力。你如果有才华，就不会在朋友圈消失，因为大咖也爱对手，毕竟势均力敌的对手不好找。

其次是亲密关系。与爱人聚少离多怎么办？有什么解决办法？定期探亲，做周末夫妻？你在外地站稳脚跟后，有没有可能把你的爱人接过去，或者等你取得了一定的业绩，申请调回北京总部？这些都需要与爱人沟通，你最好带着解决方案去沟通，不要把问题直接甩给对方。

所谓成熟，就是你知道怎么解决复杂的问题。即使最终结果不尽如人意，你也会努力去尝试。只要你有了目标，计划和行动就会跟随而来。

川叔最近看了一部电影——《美丽心灵》。这部电影讲述的是数学家约翰·福布斯·纳什的故事。他是博弈论的提出者。我对"博弈论"这个名词感觉很陌生，就趁着感兴趣搜索了一下关于博弈论的内容，感觉挺有趣。

作为一个数学白痴，我无法测算出什么是最优的解决方法。我把我始终相信的一个小公式写出来，送给你。

放下情绪/追问自我的目的+（合理分析收益-客观看待损失）+补救措施及成本=？

如果结果是正数,那就去做;如果结果是负数,那就放下。

但愿这一招能治好一些人的选择恐惧症。

当然,我们是人,不是机器。当我觉得异常苦闷,无法做决定的时候,我通常的做法是:先放下,不做决定。我会去跑步、游泳或者打拳,让自己流汗,然后再问自己:"想好了吗?"想好了,就决定。

在做决定前,川叔送给你7个小提示:

1.不在情绪化的时候做决定;

2.不在身体状况差的时候做决定;

3.你可以按照直觉做决定,但不要依赖直觉;

4.你的决定要伴随着目标和计划;

5.你的计划要围绕着你的目标;

6.目标一定是可拆解的,可以分成阶段性目标,而且有可实现性;

7.做决定后,列出由此带来的问题清单,然后排序,逐一解决。

希望以上几个小提示对你有所启发。

后记
Postscript

嘿！那个 50 岁的你，现在过得还好吗

我出第一本书的时候36岁，梦想是年薪50万元。出完这本书不到两年，我的梦想就实现了。

有时候，人生好像一个大大的玩笑。我30岁时说："如果哪家公司能给我年薪10万元，我就可以在那里工作到死。"两年后，我就年薪10万元了。

用钱作为梦想的标准，很容易空虚。在40岁这一年，我辞职了，年薪100万元的工作做了不到3个月，太累了。我不是不爱钱，我只是不知道，突破了这件我想都不敢想的事儿之后，我该怎么往下走。是继续，还是不继续？是实现了一个100万元，去找下

一个200万元,还是停下来?

40岁这一年发生了很多事,我被骗,经历了网络暴力,出版了第四本书,被刷了很多一星。

这本书算是我的第五本书了吧。虽然这是再版书,但挺有趣的,就好像一个循环。

在停下来的这一年,我努力寻找新的目标。取得第二个研究生毕业证书后,我打算去学教练技术。然后我在第四本书的结尾给自己定了一个目标:我希望用20年去影响1000万人。我写下这个目标的时候,手指都是颤抖的。我觉得,它可以让我走更远的路。

如果世界上有时间信箱,我会给50岁的自己写信,那么我大概会问:

嘿!50岁的小川叔,你还好吗?

当年你定下的那个影响1000万人的目标,如今实现得怎么样了?

10年来你出了几本书啊?

你讲了几堂课?

后来你去演讲了吗?

现在的你还做直播吗？

你有没有开民宿？真的可以每天做一锅鸡汤，取名"川叔的鸡汤馆"吗？

你……发现自己是一个平凡人了吗？

你还有梦想吗？

据说，人生有三个让自己三观碎裂的瞬间。第一个是，发现自己的父母只是普通人；第二个是，发现自己也只是个普通人；第三个是，发现自己的孩子也只是个普通人。

我知道你会说："当普通人没什么不好啊！"可是，当了普通人，你就会甘愿平凡，享受平凡的快乐人生，渐渐地觉得自己配不上远大的理想。

所有的追求都需要奉献和割舍，有时候奉献的是时间、心情或生命，有时候割舍的是家庭、爱情或朋友。

我并不知道，自己的这个梦想是不是足够大，这个梦想是不是很遥远。一开始我想：出一本书卖100万册，对我来说太难了，那么出一本书卖50万册呢？一共出20本书，是不是就1000万册了，也就影响1000万人了？

当然，这只是我的痴心妄想。再退一步，一本书卖20万册左右，出20本书，可以影响400万人；剩下的600万人，我可以通过做演讲、做直播、做培训完成；还可以借助网络，以人影响人的方式做到。

这样计算过之后，我觉得自己设定的目标没那么难实现。只是我不知道，20年一直走一条路，是不是很难。

我是普通人，没有什么钢铁意志。我也害怕被骂，被嘲讽，被扒皮，甚至禁不起一句羞辱。我也可能会在有钱、有名气时打退堂鼓：是不是这样吃饱了也挺好的？干吗非要做大做强不可呢？

所以，如果答案在未来，我真想问问50岁的自己：你还好吗？瘦下来没有？现在活得怎么样？你是毫不在意，还是更加强大了？

我不知道自己再走10年，到达那个位置后，能否对40岁的自己更坦白。至少在这个时间点上，我充满了力量，在向着我的目标一步一步前进。

愿我们都能成为自己想成为的样子。

41岁的小川叔